化繁為簡、專注關鍵，以最少資源創造最大價值

扁平化管理
從繁雜到高效的管理蛻變

西武，張毅 著

現代管理必修之道！
擁有極簡思維，以最少投入，實現最大產出

從目標設定到執行落實
告別繁瑣，掌握管理與效率的最佳平衡

目 錄

序　極簡力：效率提升的關鍵　　005

管理：越簡單越高效　　009

直擊目標：從極簡做起　　027

極簡策略：聚焦核心，精準推進　　059

極簡溝通：精準直達的關鍵　　091

報告簡化：用證據說話　　117

極簡協作：整合資源，共創成效　　145

目錄

執行為本：從計畫到成果　　177

創造高效：建立極簡運行體系　　203

後記　　237

序　極簡力：效率提升的關鍵

四百年前，培根（Francis Bacon）爵士曾寫下「知識就是力量」這句至理名言，一直為人們所信奉。但隨著時代的發展，這句話已經跟不上潮流了，因為我們所處的時代與培根爵士所處的時代已經大不相同。當今是個不斷創新、資訊爆炸的時代，當我們學會如何運用已掌握的「知識」來從容應對紛繁複雜的事物時，「知識」才能轉化為「力量」。

這種力量的基礎，在於區分「緊急事務」和「重要事務」的能力，在於從周圍多得令人窒息的資訊中找到關鍵資訊並快速理解的能力。這是一種化繁為簡的能力，是一種由「知識就是力量」提升為「極簡就是力量」的能力。

這是一個追求極簡的時代，無論在生活還是企業經營上，大家都以極簡為目標。人們似乎吃膩了大魚大肉、生猛海鮮，而喜歡「純天然無公害」的健康食品；受夠了快節奏的現代化大都市生活，而嚮往碧海藍天的大自然。越來越多的人嚮往返璞歸真、極簡自然的生活。

生活如此，企業經營更是如此。為了更有效地參與國際市場競爭，現代企業改變了經營管理的理念。自一九八〇年代以來，國際商業界興起了影響深遠的業務重整之風。許多

序　極簡力：效率提升的關鍵

歐美企業開始大規模刪減非本業業務（包括非盈利和正在盈利業務），目的是為了重建核心產業優勢。

可口可樂公司曾經一度推行多元化策略，涉足水淨化、白酒、養蝦、塑膠、乳製品及水果蔬菜甚至電影業等，本業因此受到了重創。直至一九八〇年代中期，情況才發生了變化。可口可樂公司放棄了與飲料無關的業務，加強了海外市場的拓展，開始進行罐裝生產，利潤再度提升。

英國最大的百貨公司──瑪莎百貨集團是世界聞名的大百貨連鎖公司，其採用的就是單一品牌策略：瑪莎百貨只賣聖米高品牌的產品。它為顧客購物提供了方便，不會使顧客無所適從，雖然品牌單一，但花色和種類繁多，可以滿足顧客不同的需求，同時節省了大量促銷費用。如今，瑪莎的聖米高被公認為是優質的象徵。越來越多的企業所制定的發展方針、策略都趨於「極簡」。

所以，在企業管理中，做任何事情之前，請樹立這樣一種信念：極簡就是力量。擁有這種力量並非易事，我們需要改變一些習慣。如果你是一位管理者，你必須清楚，公司提供的工具、資訊等是基於員工的需求，而且這些基礎設施會幫助員工更順利地工作。明智的公司決策者會把員工和顧客希望解決的問題放在第一位，然後再解決其他問題。

極簡管理,與其他管理理念一樣,都是推動事業成功的力量,不同之處在於,如果想創造極簡的工作方式,就不能在雞毛蒜皮的瑣事上大費周章。

序　極簡力：效率提升的關鍵

管理：越簡單越高效

> 管理：越簡單越高效

墨菲定律說：把事情弄複雜很簡單，把事情弄簡單卻很複雜。的確，要想把一件複雜的事情弄得簡單而有效，確實不是件容易的事情，管理無技巧，越簡單越好。如果說四兩撥千斤是功夫的精髓，那麼化繁為簡就是管理實踐的最高境界！

既擁有大公司的組織外表，又擁有小公司的靈魂，像小公司一樣採取靈活機動的行動，這應該是所有管理者夢想中的企業組織。

對工作來講，製造複雜就是製造障礙；對個人來講，製造複雜就是製造勞累；對人際交往來講，製造複雜就是製造衝突；對事業來講，製造複雜就是製造失敗。

人類在潛意識中都有好大喜功的惡習，總喜歡把事情變得複雜，他們不甘於簡單，而更願意製造複雜，沒有條件製造工作方面的複雜，就在人際關係方面製造複雜。

過於沉重的工作壓力對我們有很大的不良影響，不僅會造成身體上的傷害，也不利於有效地開始工作。很多事情並不是那麼複雜，而是壓力讓簡單的事變得難以駕馭了。

人不是小蟲子，但人在社會生活中的所作所為又像極了小蟲子，只不過背上的東西變成了「名、利、權」。有些人總喜歡把別人的壓力放在自己身上。

不堪重負的時代

進入二十一世紀,我們擁有越來越多的財富,我們的科學技術越來越進步,我們可以很容易地滿足自己的需求。但不可否認的是,人類已經進入了一個不堪重負的時代。全球環境問題越來越嚴峻,人與自然的衝突空前激烈。同時,我們的生活也變得緊張和沉重,人們為生活奔波,為工作壓力所苦,休息和娛樂時間越來越少。

最為嚴重的是,我們的企業正在不斷擴大,資訊越來越多,制度越來越繁瑣,效率越來越差。

在今天,很多大公司結構複雜,企業員工數量呈倍數成長,導致了員工之間相互製造的衝突等呈幾何成長。如果公司只有10個員工,那麼員工之間可以彼此保持聯絡;如果公司有1,000名員工,一對一的交流會變得非常困難;如果公司有10,000名員工,那麼員工之間的相互交流會更難。

在我們所處的企業中,只要留心觀察就會發現,一份常見的商業建議書往往有厚厚的一疊,一個平常的會議會討論一整天,一次簡單的交流會耗去幾個小時,再看看一些高層經理的個人計畫,計畫中的目標數不勝數。為了處理由企業規模產生的員工之間的複雜交流,我們還需要建立更複雜的系統。

雖然我們的物質生活比過去任何一個時代都富足和舒適,但是我們的幸福感和滿足感卻比任何時代都匱乏。我們創造了前所未有的財富,卻發現自己成了這些巨大財富的奴隸。

兩千多年前,蘇格拉底(Socrates)站在熙熙攘攘的雅典市集上感嘆:「這裡有多少東西是我不需要的!」雖然,我們不能也不該回到那個「小國寡民」的時代,但蘇格拉底的感嘆值得我們深思。

我們已被太多的欲望壓得喘不過氣,在這個已經嚴重超載的世界和極其臃腫的社會裡,我們顯得有些不堪重負。

墨菲定律說:把事情弄複雜很簡單,把事情弄簡單卻很複雜。的確,要想把一件複雜的事情弄得簡單而有效,確實不是件容易的事情。面對這個複雜和不堪重負的世界,我們想問的是:是什麼導致了今日的複雜?我們又是如何製造出今日的複雜呢?

人為製造的複雜

為什麼事情會越來越複雜,企業會越來越龐大呢?主要的一個原因就是人類都有好大喜功的惡習,總喜歡讓事情變得複雜。筆者曾在雜誌上看到這樣一個故事:

有一個人風塵僕僕地來找朋友,飢腸轆轆,想吃一碗可口的麵、飯或者稀飯之類的充飢。但是他的朋友十分熱情地帶他去餐廳,點了十幾個菜,拿了超過百元的酒,他一再地跟朋友說,自己此時只需要一碗飯,但朋友就是不聽。

奈何盛情難卻,此人只好就範,沒來得及吃上幾口菜,卻喝了許多酒。最後酩酊大醉,飯再也吃不下去了,腹中依然空空如也,徒增痛苦和難受。

在日常生活中,我們常常把自己的想法和意願投射到別人身上:自己喜歡的人,以為別人也喜歡;自己喜歡吃的飯菜,以為別人都喜歡。因此,有的父母總喜歡為子女規劃前途、選擇學校和職業。

一旦我們錯誤地把自己的想法和意願投射到別人身上,不但會替自己帶來麻煩,也會替別人帶來無窮無盡的煩惱。其實,這個世界上的很多事情,就像故事中客人的要求一樣,可以填飽肚子就行了,簡簡單單。可是作為聰明的高級動物——人,卻有著十分複雜的思維,他們將簡單的事情

變得複雜。

所以，對工作來說，製造複雜就是製造障礙；對個人來講，製造複雜就是製造勞累；對人際交往來講，製造複雜就是製造衝突；對事業來講，製造複雜就是製造失敗。

工作中有很多這樣的例子：在公務中，用電話就可以解決的事情，我們偏要用很長的訊息傳達；用訊息就能通知的事情，我們卻要開很長的會來解決；在會議上幾句話就能說明白的事情，我們卻要討論一上午。

比如 A 長官囑咐擬一個文件，E 兄認為該文件是 F 兄管轄範圍內的事，於是 F 兄就擬一個初稿。初稿送到 C 先生那裡，C 先生大加修改後送 D 先生簽呈。D 先生本想把文稿交給 G 兄去辦，不巧 G 兄請假不在，文稿轉到 H 兄手裡。H 兄寫上自己的意見，經 D 先生同意送還給 C 先生。C 先生採納了意見，修改了草稿，然後把修改稿送呈 A 長官審閱。

A 長官怎麼辦呢？本來他可以不加審查，簽發了事，但是他的腦袋裡裝了許多其他問題。

他盤算到明年自己該接 W 長官的職位了，所以必須在 C 先生和 D 先生之間物色一位來接替自己。還有嚴格來說，G 兄還沒有休假條件，可是 D 君又批准他的休假，H 兄的健康狀況不佳，臉色蒼白，部分原因是家庭問題，應該讓 H 兄

人為製造的複雜

休假才對。此外，A長官要考慮F兄參加會議期間加班費的事，還有E兄申請調往養老金部門工作的問題，A長官還聽說D先生愛上了一個女員工，那可是個有夫之婦。G兄和F兄鬧翻了，已經到了互不說話的地步。

同事們相互製造了衝突，也替A君製造了困擾，重重困擾讓他心煩意亂，而起因無非就是有這麼多大大小小的長官存在。因此，當C先生把修改的文件送來時，A君本想簽個字完事，可A君又是一個辦事極為認真的人，他絕不敷衍塞責。於是，他仔細閱讀文稿，刪去C先生和H兄加上的話，把稿子恢復到精明能幹的F兄最初擬的樣子，改了改文字——這些年輕人完全不注意語法——最後定了稿。

這份定稿，假如這一系列的主管不存在的話，A長官也是可以弄出來的。人多了，辦同樣的事花費的時間反而比過去更多了。

工作越是清閒的單位，是非矛盾越多。為什麼呢？因為人類都有好大喜功的惡習，總喜歡把事情變得複雜，比起簡單，他們更願意製造複雜。沒有條件製造工作方面的複雜，就在人際關係方面製造複雜，以此來填補製造複雜的欲望。人原本是很簡單的，可人的欲望卻非常複雜，其實很多複雜的問題都是人為製造出來的。

> 管理：越簡單越高效

　　我們都知道複雜就意味著困惑、勞累，可人們又在不經意中製造出各種複雜，沒有人喜歡複雜，可總有人樂此不疲地製造複雜。人類的大腦越聰明，思維就越複雜，所以聰明的人喜歡複雜，但是聰明並不意味著高效率。

狄德羅的睡袍

除了人類本能的欲望使我們的思維善於、樂於製造複雜之外，製造複雜的第二個重要因素是「狄德羅效應」。

在十八世紀的法國，有個哲學家叫丹尼斯·狄德羅（Denis Diderot）。有一天，朋友送他一件質地精良、做工考究、圖案雅致的酒紅色睡袍，狄德羅非常喜歡，他穿著華貴的睡袍在家裡踱來踱去，越覺得家具不是破舊不堪，就是風格不對，地毯的針腳也粗得嚇人。

慢慢地，舊家具一個個被換成了新的，先是桌子，然後是椅子、地毯，最後書房也跟上了睡袍的等級。狄德羅坐在霸氣十足的書房裡，可他卻覺得很不舒服，因為自己居然被一件睡袍脅迫了。他把這種體會寫成文章，題目就叫〈與舊睡袍別離之後的煩惱〉。

兩百年後，美國哈佛大學經濟學家茱麗葉·斯格爾（Juliet B. Schor）讀到了這篇文章，發出了相同的感慨。茱麗葉在《過度消費的美國人》（The Overspent American）一書中，提出了一個新概念——「狄德羅效應」，指的就是新睡袍導致新書房、新領帶進而導致新西裝的攀升消費模式。

康乃爾大學的經濟學教授羅伯·法蘭克（Robert H. Frank）也信仰極簡主義，他出版的《奢侈病》（Luxury Fever）

> 管理：越簡單越高效

講了一個燒烤架的故事，與狄德羅的睡袍有異曲同工之處。

在一九八〇年代，法蘭克教授花 100 美元買了一個燒烤架。後來烤架的點火按鈕壞了，架板也生了鏽。法蘭克考慮修理或是買新烤架，猶豫了很久。當法蘭克決定買一個新烤架時，經過了解，他才發現燒烤產品進步多麼快。

法蘭克教授的舊烤架可同時烤上兩隻火雞、一隻小乳豬和 40 斤玉米，這對他來說已經足夠了。當他得知這種烤架已經很落伍，而新烤架售價 5,000 美元時，他簡直無法想像新產品的功能會是什麼樣子。

法蘭克教授最後還是選擇了修烤架，拒絕花大錢購買功能遠遠超出實際需要的烤架。但並不是每個人都會這麼想，因為新烤架已在美國暢銷，年創產值已經達到 12 億美元。為此，法蘭克教授深刻地意識到，這種無意義的先進產品正誘惑著人們不斷消費，人們對奢侈品的盲目欲望就像熱病一樣蔓延。

「狄德羅效應」無處不在，「奢侈的熱病」又四處蔓延，要想讓人們達到極簡，真的沒有想像得那麼容易。

壓力帶來複雜

對於個人來說，製造複雜的第三個重要因素就是壓力，你的壓力帶給你複雜。

隨著競爭越來越激烈，人們的工作壓力也相對地變大。我們不時會聽到周圍親朋好友發出諸如此類的抱怨：如今競爭太激烈，工作壓力太大，有時甚至超出了人的承受範圍；工作上努力，卻沒有回報，長官語重心長地說，某某，努力一點啊；同事之間有競爭，和同事的關係老是處不好，年年評價總是吊車尾；厭倦了原先的那份工作，想換個更好的工作和環境，可是又沒有那個能耐……

事實的確如此，現代社會是一個「壓力的社會」。人們的工作、生活、學習都非常地緊張、繁忙，在充滿競爭和壓力的環境下，人們很容易感到來自工作上的重重壓力。

人不可能沒有壓力。壓力在生活、工作中無處不在，人們幾乎每天都生活在壓力之中。如果壓力太大，超出了人們所能承受的範圍，未能及時排解和調適，就很容易產生身心疾病。有些人承受不住工作壓力，出現了頭痛、失眠、焦慮等症狀，甚至產生了一些變態心理。

過於沉重的工作壓力會對我們造成很大的不良影響，它

不僅無法有效地展開工作，而且也不利於身體健康。很多事情並不複雜，而是壓力讓簡單的事變得難以駕馭了。

有一則寓言，說的是有一種小蟲子很喜歡撿東西，在牠所爬過的路上，只要是碰到的東西，牠都會撿起來放在背上，最後牠被身上的重物壓死了。

人不是小蟲子，但人在社會生活中的所作所為像極了小蟲子，只不過背上的東西變成了「名、利、權」。有些人總喜歡把別人的壓力放在自己身上。比如，看到別人升遷、發財，就總會納悶，為什麼會這樣呢？為什麼不是自己呢？人總是貪求太多，把重負一件一件披掛在自己身上，捨不得扔掉。

假如人能學會取捨，學會輕裝上陣，學會善待自己，凡事不跟自己計較，甚至學會傾訴、發洩、釋放自己，人還會被生活壓倒嗎？其實只要盡了力，做好自己的工作就行了。你應該仔細辨別一下你能控制和不能控制的事情，然後把兩類事情分開，歸為兩類，並列出清單。

開始一天的工作時，首先給自己一個約定：不管是工作中還是生活中的事情，只要是自己不能控制的就由它去，不要鑽牛角尖，徒增壓力。與其讓自己無謂地煩惱，不如想一些開心的事，多學一些知識，讓生活充滿更多色彩。

如果可以的話，你應該把工作進行分攤或是委派以減小

> 壓力帶來複雜

工作強度。千萬不要陷到這樣一個可怕的泥淖當中：認為你是唯一能夠做好這項工作的人。如果這樣的話，你的同事和老闆同樣也會有這種感覺，於是就會把工作盡可能地都加到你身上。這樣你的工作強度就大大增加了。

面對壓力，最好的辦法是轉移壓力。壓力太大承受不住了，那就放下來不去想它，把注意力轉移到能讓你輕鬆快樂的事上來。比如從事一些運動，運動能使你好好地發洩，運動完之後，你會感到很輕鬆，就可以把壓力釋放出去。等心態調整平穩後，已經足夠堅強的你，還會害怕面前的壓力嗎？

最後，要學會化解壓力。當你的大腦一天到晚都在想工作時，工作壓力就形成了。此時一定要平衡一下生活。分出一些時間給親人、朋友等，最重要的是娛樂，娛樂是化解壓力的良方。

休息一下，呼吸一下新鮮空氣。一天中多幾次短暫的休息，做做深呼吸，可以使大腦放鬆，防止壓力情緒的形成。千萬不要放任壓力情緒的發展，不能讓這種情緒在一天工作結束時壓倒你。化解壓力的一個關鍵技巧是不要把受到的批評個人化。當接收到反面評論時，你就把它當成是能夠改進工作的建設性批評。

看到上面介紹的方法，你也許會認為減輕壓力其實也很

| 管理：越簡單越高效 |

簡單。但是，當我們被壓力驅使而無力跳出，進行分析思考時，減輕壓力就不那麼容易了。因此，我們應該時常從繁忙的工作中抽出身來，分析自己目前的現狀。只要保持一顆清醒的頭腦，讓自己放鬆就不會太難。

管理無技巧，越簡單越好

古人說：大道至簡。面對複雜多變的外部環境和繁雜的內部形勢，企業管理者，特別是高層管理者能否清楚地透過現象，掌握好事物的本質，採取簡單有效的手段和措施去解決問題，並營造使管理極簡化的機制，是企業能否持續發展的不二法門。

著名的二八法則指出，在因與果、投入與產出、努力與收穫之間，本來就存在著不平衡的關係。典型的情況是，80%的收穫來自20%的努力。所以，經理人在執行這個法則時，要遵循二八法則的聚集原則，具體實施到管理上就是：管理無技巧，越簡單越好。

如果說，「四兩撥千斤」是功夫的精髓，那麼，「化繁為簡」就是管理實踐中的至高境界。

在企業經營和企業管理上，要能獲得高效率，最有效的方式就是諸事簡潔。德國人和日本人的商業成功之道，讓人們了解到，企業經營的高效率來自於簡潔。他們明白，商業上的最大錯誤就在於人們把問題過於複雜化，忘記了成功的最重要因素是常識和簡單。當企業處於一個紛繁複雜的環境時，採取從簡切入、化繁為簡、以簡馭繁的思路和方法，往往可以避免繁中添亂，巧妙地化解矛盾，從而產生奇效。

管理：越簡單越高效

　　企業也是一樣，很多老闆把自己的企業妝點得有模有樣，可是企業怎麼也發展不起來，實現不了企業的終極目標。其實，極簡管理倡導化繁為簡、以簡馭繁的管理理念和方法。要求管理者和員工在真正掌握問題本質的基礎上，找出事物的規律，最大限度減少資源的浪費，更高效能地實現企業的目標。

　　極簡管理是管理的常識，應該成為所有管理者基本的管理常識和管理準則。隨著社會信譽體系的建立和市場競爭規則的完備，極簡管理將進一步成為管理者尋求有效管理理念的基本原則，極簡管理本身也會成為管理者普遍奉行的基本管理模式。

　　傑克・威爾許（Jack Welch）非常推崇極簡化管理，他說：「作為領導者，一個人必須具有表達清楚準確的自信，確信企業中的每一個人都能理解事業的目標。然而做到企業簡化絕非易事，人們往往害怕簡化。他們往往會擔心，一旦他們處事簡化，會被認為是頭腦簡單。事實恰恰相反，唯有頭腦清醒、意志堅定的人才是最簡化的。」

　　極簡管理是優秀管理者追求的最高境界。管理追求的是效率和效果的統一，即用一定的資源去實現更高的目標，或者用最少的資源去實現一定的目標。因此，在日常的管理過程中，管理被簡化為兩個基本的命題，一個是低成本，一個是可操作性。而極簡才能更大程度地降低成本，極簡才更具有可操作性。

把大公司做小

優秀企業的一個主要特徵就是,他們知道保持事情極簡的重要性,不管多複雜的事情都能把它簡化,變得簡單易行。

二○○三年上半年的某一天,一家企業總裁在接受財經記者訪問時,再次談到了他對 GE 前掌門人傑克‧威爾許的敬仰之情。他表示:「如果有可能,我最希望向威爾許當面請教『大企業如何做小』的問題。」

把 GE 做成「小雜貨店」的傳奇故事,是威爾許對 GE 的最大貢獻。威爾許上任時,GE 是創辦了 103 年,帶有愛迪生傳奇神話,擁有 34 萬名員工、350 個業務部門、43 個策略事業部門的「企業巨人」,但威爾許創造了奇蹟。

至於威爾許大刀闊斧、化繁為簡的改革行為,那只是達成他「向小公司學習」目標的手段而已。事實上,「把大公司做小」其實就是「把事情變得更為簡單」。

小公司究竟有什麼優勢,能讓威爾許這樣的管理大師為之矚目呢?

曾在某大型貿易企業當過國際部門主管的曹先生,手下有 30 多人,如今自立門戶,創辦了一家貿易公司,公司不到 15 個人,但是開拓新業務、提升業績的速度比原本那家貿易

公司的國際業務部快得多。

優勢很明顯，只要曹先生做出決策，指令將以最短的時間、最快的速度傳遞給所有員工，剩下的就是執行、跟進和回饋，不存在任何資訊過濾或障礙。而老東家的國際業務部門，遞交上去的報告要在不夠內行的主管副總裁辦公桌上起碼躺兩天。

在做管理顧問的曾先生也以自己的小公司為例，說出了自己的感受：「我不懂辦公室政治那一套，讓員工看我的臉色行事。我的一言一行告訴員工，不要試圖隱瞞和粉飾真相，能夠提供幫助的請盡快提。最重要的是迅速去做，錯了盡快調整。」

快速決策，果斷執行，能夠減少猶豫的代價；彼此溝通順暢，能夠了解對方意圖；目標專一，能夠集中精力做重要的事；對顧客和市場反應快，能夠及時進行調整；危機感強，資源浪費少，能夠降低成本等等，這些無疑都是小公司的優勢。

為此，威爾許說：「我們不得不找到一種方式，將大公司的雄厚實力、豐富資源、巨大影響力與小公司的發展欲望、靈活性、精神和熱情結合起來。」既擁有大公司的組織體制，又擁有小公司的靈魂，像小公司一樣採取靈活機動的行動，這應該是所有管理者夢想中的企業組織。

直擊目標:從極簡做起

直擊目標：從極簡做起

在工作中，最大的浪費來自沒有目標、盲目的選擇，「極簡」來自明確的目標與方向，知道自己該做什麼、不該做什麼。

很多人的工作變得複雜而沒有效率，其最主要原因就是弄不清楚目標。因為不清楚目標，總是浪費時間重複做同樣的事情或是不必要的事情。

做任何事情都不要太匆忙，不要被工作追著跑，因為時間來不及而匆忙把事情做完的人，通常事後要花更多的時間把第一次沒做好的事情做好。

只有一只手錶，我們可以知道時間，擁有兩只或兩只以上的手錶，卻無法確定是幾點。兩只手錶並不能告訴我們更準確的時間，反而會讓看錶的人失去對準確時間的信心。

無論做任何事情，我們都應該時刻記得自己的終極目標。如果你時刻清楚自己的終極目標，就會鍛鍊出與眾不同的眼界，養成一種理性的判斷規則和工作習慣。

記下工作後，你的腦子才有時間去解決問題，而不只是記住問題。只要你能利用潛意識解決問題，你就會發現它的作用相當驚人。人腦就像是平行的處理器，幕前幕後的工作可以同時進行。一旦你寫下了一些東西，大腦就會將這些東西轉移至幕後，然後在「不知不覺」中開始解決問題。

知道自己要做什麼

假設你在一片蔚藍、廣闊無垠的海上航行，如果你不知道將去往何處，那麼什麼風都是順風。如果你不知道應該做什麼，那麼做什麼都很困難。

在《愛麗絲夢遊仙境》中，愛麗絲問柴郡貓：「請告訴我該走哪條路好嗎？」

「那要看你想去哪裡。」貓說道。

「哪裡都可以。」愛麗絲答道。

「那麼你走哪條路都可以。」貓答道。

無論是會議還是演講，房屋裝修還是人生抱負，如果我們不清楚自己想達到什麼樣的目標，那麼做起來就無從下手了。假如召開一次會議，卻不清楚到底想從會議中得到什麼，那麼從會議中獲益的機率是很小的，更不必奢望獲得真正想要的東西。極簡來自清楚的目標與方向，你知道自己該做哪些事，不該做哪些事。很多人的工作變得複雜而沒有效率的最主要原因就是搞不清楚目標。因為不清楚目標，總是浪費時間重複做同樣的事情或是不必要的事情。所以在工作中，你必須弄清楚工作的目標與要求，避免重複作業、增加錯誤的機會。

> 直擊目標：從極簡做起

　　你必須釐清的問題包括：現在的工作需要改變嗎？必須做出哪些改變？要從哪個地方開始？應該注意哪些事情，以避免影響目標的達成？有哪些可用的工具與資源？

　　目前擔任溝通管理顧問公司詹森集團的總裁兼執行長的比爾·詹森（Bill Johnson），自一九九二年開始，持續進行一項名為「追求簡單」的研究調查，透過長期觀察企業員工的工作模式，探討造成工作過量、效率低下的原因。最初的調查對象是來自 460 家企業的 2,500 名人士，之後擴大到 1,000 家企業，人數達到 35 萬人，其中包括美國銀行、花旗銀行、默克、迪士尼等知名的大型企業。

　　詹森將「簡單」的概念運用到日常的工作實務上。根據他多年的研究調查結果表明，現代人工作變得複雜而沒有效率的最主要原因就是沒有清晰的目標，因為目標不清楚，所以才讓工作變得越來越複雜，時間越來越不夠用。哈佛大學曾做過一個著名的試驗，在一群智力與年齡都相近的青年中進行了一次關於人生目標的調查，結果發現：

3%的人有十分清晰的長遠目標；
10%的人有清晰但比較短期的目標；
60%的人只有一些模糊的目標；
27%的人根本沒有目標。

> 知道自己要做什麼

　　25年後,哈佛大學再次對他們做了跟蹤調查,結果令人十分吃驚!

　　占3%的那些人全部成了社會各界的菁英,行業領袖;

　　占10%的那些人都是各專業各領域的成功人士,生活在社會的中上層,事業有成;

　　占60%的那些人大部分生活在社會中下層,胸無大志,事業平平;

　　占27%的那些人過得很不如意,工作不穩定,入不敷出,常常抱怨社會,抱怨政府,怨天尤人。

　　任何行動一定要有目標,並有達成目標的計畫。沒有目標,就不可能有實際的行動,更不可能獲得實際的結果。優秀員工每天進辦公室的第一件事,就應該是計劃好當天的工作。成功人士最明顯的特徵就是,在做事之前就清楚地知道自己要達到一個什麼樣的目標,清楚為了達到這樣的目標,哪些事是必須做的,哪些事看起來必不可少,其實是無足輕重的。他們總是在一開始時就懷有最終目標,因而總能事半功倍,卓越而高效能。

　　清楚目標不是要對方跟你解釋公司的目標或策略,而是這個目標對於你的意義是什麼,公司的目標與你個人目標之間的關聯是什麼。如果老闆重新設定公司未來一年的營運策略與目標,你可以問:「我的工作目標應該做出哪些調整?

> 直擊目標：從極簡做起

是否有必要改變現在的工作方式？」舉例來說，如果公司預計提升10%的營業額，那麼行銷部門必須達成什麼樣的部門目標，或是個別業務員必須達到多少的業績，才能完成公司整體的目標。

別被工作追著跑

　　在工作中，有很多人總是低頭做事，他們忙碌得如同螞蟻，卻沒有多少實質的收穫，對他們來說，草率行事、冒冒失失是最好的寫照！他們每天從早忙到晚，感覺自己一直被工作追著跑。忙亂也許不是因為工作太多，而是因為沒有重點，目標不清楚，所以才讓工作變得越來越複雜，時間越來越不夠用。

　　有一個廣泛流傳的管理故事，說的是一群伐木工人走進一片樹林，開始清除矮灌木。當他們費盡千辛萬苦，好不容易清除完一片灌木林，直起腰來準備休息一下時，卻猛然發現，他們要清除的不是這片樹林，而是旁邊那片樹林！

　　很多人在工作中就像這些砍伐矮灌木的工人，常常只是埋頭砍伐矮灌木，甚至沒有意識到正在砍的並非是需要砍伐的那片樹林。

　　這種忙碌之後發現自己與結果背道而馳的情況是非常令人沮喪的，這也是許多效率低下、不懂得卓越工作方法的人最容易犯的錯。他們輕率、冒失，缺少必要的計畫，遇到問題也缺乏思考，頭痛醫頭，腳痛醫腳，永遠被工作追著跑，結果把大量的時間和精力浪費在一些無用的事情上。

直擊目標：從極簡做起

　　冒失是一種輕率的表現，是指對任何事情都缺少深思熟慮，只憑一時衝動就做出決定，有時不計後果。冒失的人懶於思考，輕舉妄動，為了迅速擺脫由動機帶來的內心痛苦和緊張情緒，他們不詳加考慮主客觀條件和後果就貿然抉擇，草率行事；他們生活節奏快，做事匆忙，往往一件事未做完，又去做另一件事，或同時進行幾件事。

　　西班牙的智慧大師巴爾塔沙·葛拉西安曾告誡我們：做任何事情都不要太匆忙，不要被工作追著跑，忙亂中容易出差錯；也不要太輕率大意，不要急於表態或發表意見。

　　無論從事什麼工作，事先的調查和分析都有助於你找到實現目標的最佳方案，凡事豫則立，不豫則廢，有些事情必須事先問清楚、弄明白。一個人只有知道如何主動地安排工作，而不是被動地適應工作，才能有效率地辦事。正如一位成功的職場人士所說：「你應該在每天的早上制定一下當天的工作計畫，僅僅5分鐘的思考就能使你擺脫被工作追趕，把工作變得非常有效率。」

　　舉一個行銷工作中的例子：新品上市初期，開拓市場，尋找經銷商是一件非常重要的工作，但面對一個陌生的城市和市場，你會怎麼辦呢？你是下車後匆忙急於四處奔走拜訪，把自己淹沒在各種混亂的工作中，還是透過調查後，制定拜訪計畫及合理路線？

每個城市都有幾百個經銷商,不可能拜訪到每一個客戶。經驗豐富的行銷人員會挑選客戶中 20% 有興趣、有通路及實力的經銷商進行重點拜訪,用 80% 的時間溝通 20% 的重點客戶。同時,為了不失去那些潛在經銷商,對經營相關產品的小經銷商只需要簡單地發布新品廣告介紹就可以了。

有智慧的人做事絕不匆忙,也不拖沓;不莽撞,也不躊躇。他們做事總是有條不紊,不慌不忙,沒有積壓,絕不拖延。做工作的主人,而不是奴隸。他們不是一有想法就馬上去做,等發現偏差再去調整,而是一開始就把所有事情都弄清楚。

因為時間來不及而匆忙把事情做完的人,通常事後要花更多的時間把第一次沒做好的事情做好。如果真的沒有時間把每件事都做好、做完,那就把最重要的事做完。

有些人認為做事不匆忙是一件很容易的事情,只需要每一次做事時注意一下就行,其實一個人做事不慌不忙是一種習慣。一個做事匆忙的人做所有事情都是冒冒失失的,他們完全以自己的直覺在做事。如果想改正做事匆忙的缺點,首先就是要在做事前制定計畫和目標,並且養成習慣。

直擊目標：從極簡做起

制定一分鐘目標

為了不讓自己行事匆忙，人們應該制定計畫，但如果你的計畫是長篇大論的長期計畫，那就違背極簡管理的初衷了。長期計畫是一種一廂情願的想法，除非把競爭者的長期計畫也列入考慮範圍，否則，你的長期策略一無是處；除非你有預測未來的能力，否則，你的長期策略形同廢紙。

《華爾街日報》有一篇關於威而猛食品（Waremont Food）CEO 的報導。這家公司在太平洋西南部設有 25 家雜貨店，自從比爾‧隆（Bill Long）一九八五年接管威而猛以來，它的淨收入成長了 1,500%，達到 2.15 億美元。如果你對他的下一個「五年計畫」感興趣，你要做好準備接受充滿火藥味的長篇大論。

「我他媽怎麼會知道？」他對著《華爾街日報》的記者吼道，「告訴我在五年內我的消費者會變成什麼樣子，還有我的競爭對手、我的資本、我的供應商！」當問到能否看看他的策略計畫時，他的反應如出一轍。「跟我談寫出來的策略簡直荒謬！」他說，「我們需要的不是策略，而是即時決策。」

在暢銷書《一分鐘經理人》(*The New One Minute Manager*) 中，肯‧布蘭佳（Ken Blanchard）非常提倡一分鐘目標的

> 制定一分鐘目標

做法,而不是長篇大論的長期計畫,他在書中曾經提到這麼一種情況:

在大多數企業中,如果你向老闆詢問某個員工在做什麼,再去問問員工本人,往往會得到截然不同的答案。實際上,在我曾經工作過的一些企業裡,我和我的上司對我的工作任務有著完全不同的了解,即使我們的看法偶爾一致,也僅僅是巧合而已。這樣一來,我就會因為沒有做某些老闆認為我該做的事而陷入麻煩,而事實上,我從沒想過這些事是我該做的。

對於這種情況,最好的辦法就是把每一個目標在一張紙上寫下來。《一分鐘經理人》認為,一個目標連同其實現標準不應該超過250字。他堅信,任何人都應該可以在一分鐘之內把這個目標讀一遍。寫好目標內容之後,長官和屬下每人一份,這樣一切任務就很清楚了,長官也可以根據這些目標內容來定期檢查工作進度。

一分鐘目標,是使管理者的工作化複雜為簡單的最有效方法,一個不超過250字的目標絕對不會讓你陷入文字叢林中,也絕不會讓你在各種猶豫與選擇中浪費時間。對於如何設定一分鐘目標,那就更簡單了,你只要注意以下幾點就行了:

(1) 確立好的工作表現是什麼;

> 直擊目標：從極簡做起

(2) 用不超過250字描述你的每個目標,並且寫在一張紙上;
(3) 反覆讀你的目標,每次用大約一分鐘的時間;
(4) 每天不時地用一分鐘時間審視自己的表現;
(5) 看看自己的行為是否與目標一致。

只有一只手錶

尼采說:「兄弟,如果你是幸運的,你只需有一種道德而不要貪多。」價值觀是如此,工作目標亦是如此。試想,你讓一個人接住你丟來的一個球很容易,但你若要他同時接住你丟來的 7 個球,恐怕就不那麼容易了。

管理界的重要定律「手錶定律」說,只有一只手錶,我們可以知道時間,擁有兩只或兩只以上的手錶,卻無法確定是幾點。兩只手錶並不能告訴我們更準確的時間,反而會讓看錶的人失去對準確時間的信心。

「手錶定律」給我們一種非常直觀的啟發:一個人沒必要確定兩個或兩個以上的目標,否則他的生活將陷於矛盾中,這也是讓一個人保持極簡計畫的最重要的方法。

兩個或兩個以上的目標並不能告訴你應該怎麼去做,只會讓你無所適從,身心交瘁。世界著名的「旅館大王」希爾頓(Konrad Hilton)將他的成功完全歸功於「一個目標」的魔力,下面就是他的故事:

自一九二九年股市大崩盤後,沒有人想要旅行,就算有,他們也不會住進希爾頓在一九二〇年代中收購的那些旅館。到了一九三一年,他的債主威脅要撤銷抵押權。不但他的洗衣店被債主收走,甚至他還被迫向門房借錢以餬口。在

直擊目標：從極簡做起

這潦倒之際，希爾頓偶然看到了瓦爾多夫飯店的照片：6個廚房、200名廚師、500位服務生、2,000間房間，還有附屬私人醫院與位於地下室旁的私人鐵路。他將這張照片剪下來，並在上面寫上「世界之最」。

希爾頓事後形容一九三一年：「那段迷失而混亂的日子真是連想都不敢想。」但那張瓦爾多夫飯店的照片自此就放在他的皮夾裡，一直激勵著他努力奮鬥。當他再度擁有自己的書桌後，他便將照片壓在書桌的玻璃下，隨時看著它。

在事業漸有起色而且買了新的大書桌後，他仍把那張珍貴的照片放在玻璃下面。18年後，一九四九年十月，希爾頓買下了瓦爾多夫飯店。那張照片讓希爾頓的夢想有了具體的雛形，讓他有一個可以全力以赴的目標。那張照片就像是一張提示卡，如同海倫格利・布朗（Helen Gurley Brown）放在桌上的雜誌一樣，不斷地激勵他們向目標邁進。

在很多企業中，一些高層經理的個人計畫中的目標多不勝數。查爾斯・伊姆斯（Charles Ames）曾任職於雷蘭斯公司，他談起該公司那些複雜而又無能的計畫時說：「我們有各種計畫制度，各種長期和短期計畫，但是我們還是無法確定下個月要賣些什麼。我取消了五年的長期計畫，轉為一年的計畫，然後再轉為一個季度的計畫。最後，我們決定採用30天的計畫制度，並堅持了一年左右。直到那時，我們才懂得了如何去確定目標並達到它。但最終，我們又設立了一套長期計畫。」

只有一只手錶

與伊姆斯的經歷相反，艾默生電氣、達納、德州儀器等公司致力於培養對一兩個近期目標的快速反應。

例如，《紐約時報》對艾默生電氣公司進行了如下報導：「該公司的部門經理和他們的高級助理每個月都要在總部接受副總裁仔細嚴格的考查，他們把重點放在當前，而非未來。其中主要涉及三個考查項目，即存貨、利潤和銷售，這些考查項目構成了對經理們嚴峻的考驗。這些經理的責任就是每個月要達到既定利潤，進而是達到每個季度的既定利潤，最終是完成整個年度的既定利潤。」

實際上，任何制度都可以簡化。德州儀器公司的口號是：「寫出兩個以上的目標就等於沒目標！」

德州儀器是個已經步上正軌的公司，前任總裁哈格蒂（Patrick Haggerty）曾花了十年的時間制定目標、策略以及制度，他的重點即在取消僵化的溝通模式，以培養所有員工的責任心。德州儀器公司只認定一個事實：「我們曾身臨其境，並已克服種種困難。以前每個經理都有一組目標，經過我們不斷地削減後，現在每位產品——顧客中心（Product－Customer Center）的經理都只有一個目標。因而你絕對可以期望他們實現那個目標。」

「兩個以上的目標等於沒有目標」的說法正是德州儀器公司最好的策略，他們在經營上的成功就是這個策略最好的詮釋。

直擊目標：從極簡做起

時刻記得終極目標

很久以前,有一位修道者準備到無人居住的山中隱居修行,但他只帶了一塊布當衣服,就到山中去居住了。

後來他想到洗衣服時,就需要另外一塊布來替換,於是他到山下的村莊中,向村民乞討一塊布當衣服,村民看他是虔誠的修道者,就給了他一塊布,當作換洗衣服。

當這位修道者回到山中後,在他居住的茅屋裡發現一隻老鼠常常咬壞他的物品,但他作為修道者不可殺生,又只好要一隻貓來養。由於山上沒有其他食物,他又向村民要了一隻乳牛,這樣貓就可以靠牛奶為生了。

但是,在山中居住了一段時間後,他發覺每天都要花很多時間來照顧母牛,於是他又從村中找到一個可憐的流浪漢來照顧母牛。

這個故事繼續發展下去,大概是半年以後,整個村莊都搬到山上去了。修道者的單身隱居生活已經完全走樣了。

有些人可能一開始知道自己的目的是什麼,也知道自己在做什麼,但一旦開始自己的工作,往往容易把注意力分散到其他事情上,忘了自己的最終目的。在工作中,很多人本來是向同事請教問題,結果卻聊起了家常,會議上總是有人在無關緊要的問題上辯論得面紅耳赤,而忽略了最主要的問

題。這樣既浪費了時間，問題也沒有得到解決。

無論做任何事情，我們都應該時刻記得自己的終極目標。如果你時刻清楚自己的終極目標，就會鍛鍊出與眾不同的眼界，它讓你的眼界不再局限在某一個具體事情上，多一些理性的嚴謹，少一些感情的投入，事事歸於簡單。它會讓你逐漸形成一種良好的工作方法，養成一種理性的判斷規則和工作習慣。

如果你能做到這一點，那麼你就是一直在朝著自己的目標前進，你邁出每一步的方向都是正確的，不管哪一天做哪件事都不會違背你確定的最重要目標，你做的每一件事都會為最終目標做出有意義的貢獻。

成功人士不但一開始就懷有終極目標，而且他們時刻記得自己的終極目標。他們的目標都非常具體，他們不制定「進度表」，而是列「工作表」，比較大或長期的工作會拆散開來，分成幾個小事項。他們經常用長跑中的「分段法」，把很長的距離分成幾個小段，每一段都有一個里程碑，它可以是一份報告的提出，也可以是設計圖的完成，哪怕僅僅是為後花園增添了一種花，也是成功路上留下的腳印。

對於大部分員工來說，制定計畫的週期可定為一個月，但應將工作計畫分解為周計畫與日計畫。每個工作日結束的前半個小時，先盤點一下當天計畫的完成情況，並整理一下第二天計畫內容的工作思路與方法。

直擊目標：從極簡做起

寫下第二天的工作

確定在睡覺前寫下第二天的工作是個很好的建議，因為記下所有的工作後，你可以睡得安穩一些，你的心態可以更簡單一些。否則的話，整個晚上你的腦子裡可能都想著：「別忘了！別忘了！別忘了！」

記下工作後，你的腦子才有時間去解決問題，而不只是記住問題。只要你能利用潛意識解決問題，你就會發現它的作用相當驚人。人腦就像是平行的處理器，幕前幕後的工作可以同時進行。一旦你寫下了一些東西，大腦就會將這些東西轉移至幕後，然後在「不知不覺」中開始解決問題。記下工作就表示你許下了承諾。如果一件事不值得記下來，大概也不值得做。

別依賴隨處塗鴉的紙片紀錄、桌上的便利貼，或是貼在冰箱上的字條。如果你的備忘字條七零八落，也會使你遺忘很多事情。

確定所有的待辦事項都集中在一處，並且能檢查其進度，或是在你隨身攜帶的手冊中，或是在電腦裡。不論形式如何，都必須能隨時更新內容，並且要放在隨手可及的地方；必要時可以利用便利貼或便條作為額外的提醒媒介。但是要切記：別讓它們變成主要的方法，否則你就犯了大忌。

> 寫下第二天的工作

　　如果你將計畫表與約會紀錄放在一起,最好能在你的辦公室或電腦中存好一份備份,以防其中一份遺失或失竊。辦公室的那一份應該每天更新,這雖然只是舉手之勞,卻很有幫助。

　　作家拿破崙・希爾(Oliver Napoleon Hill)認為一定要定期檢查計畫表。早上起床後的第一件事就是查看計畫表。如果你確定要做的事都列在計畫表上,而且每天固定檢查計畫表,你就絕不會因為「忘記」而沒有完成工作。富比士二世一直在他的書桌上放著一張記錄重要事項的紙,這是他個人管理事務的中心,「每當我覺得進退兩難時,我就會看看這張紙,確定使我左右為難的事是否真的值得讓我為難。」通常,富比士的紙上大約有20件事,包括電話、信件以及他必須口述的一小段專欄文章。他說:「如果你沒有一個固定的記事本記錄你想做的事,事情永遠都無法完成。」

　　這也是在管理其他事情時非常有用的技巧。每當你分配工作給屬下時,你應該確定他們會將你所交代的事情記在計畫表上。在之後的會議中,也要請他們帶計畫表來開會,並以此作為進度報告的根據。如此一來,你就可以確信你指派的工作不會被遺漏。

　　在工商企業或社會中,沒有什麼特質比「可靠」更重要了(這裡必須承認,少數人已經成功地誤導別人,使他們相信自己是沒有組織的人,可以「隨便」忘記他們不想做的事)。經

> 直擊目標：從極簡做起

理人喜歡指派工作，以便他們能專心去做其他的事情；策劃會議或社交活動的人，都希望與會者不會忘記出席時間。

你的計畫表範圍應該要廣泛，但絕不能是百科全書，否則你很可能會力不從心。玫琳凱・艾施（Mary Kay Ash）曾在創辦玫琳凱化妝品公司初期聽到一則有關查爾斯希瓦柏（Charkes R. Schwab）（美國一家數一數二的鋼鐵公司總裁）的故事。

一名企管顧問艾維・李（Ivy Lee）對希瓦柏說：「我可以教你如何提高公司的效率。」希瓦柏問：「費用是多少？」李說：「如果無效的話，免費；但如果有效，希望你能撥出公司由此省下費用的1％給我。」希瓦柏同意，說：「很公平。」

接著，艾維・李說：「我需要與每一位高級主管面對面談十分鐘。」希瓦柏答應了。李開始與所有高級主管會面，他告訴每一位主管：「在下班離開辦公室前，請寫下6件你今天尚未完成，但明天一定得做的事。」主管們都對這個主意表示同意，在開始實行這個計畫後，他們發現自己比以前更專心了，因為有了這張表，他們會努力完成表上的事情。不久之後，公司的生產力有了顯著的提升，因為效果驚人，幾個月之後，希瓦柏開了張45,000美元的支票給艾維・李。

玫琳凱・艾施說：「當我聽到這個故事後心想，如果這個方法對希瓦柏而言值45,000美元，對我也會有同樣的價值。」因此，她開始在每天下班前寫下6件明天要做的重要

> 寫下第二天的工作

事情,而且也鼓勵業務員這麼做。當時的玫琳凱化妝品公司擁有 20 多萬名業務員,玫琳凱‧艾施印製了上百萬份的粉紅色小便條本,每一張便條紙上寫的都是:「我明天必須做的 6 件重要事項。」

直擊目標：從極簡做起

做好時間管理

每個人的時間都是一樣的，每天都是 24 小時，不會多也不會少，你花費時間做這件事，就一定無法再用於其他事，時間是不會越用越多的。

這當然沒錯，可是你仔細觀察一下身邊的人，哪些人老是抱怨「時間不夠用」？哪些人又是做事最多的呢？

事實上，整天埋怨時間不夠用的人恰恰是那些做事最少的人，這是怎麼回事？問題在於時間利用率，時間利用率高的人，可以節省下很多時間，這等於增加了時間。

一位閒來無事的老太太為了寄張明信片給遠方的外甥女，足足花了一整天的工夫。找明信片要一個小時，找眼鏡又一個小時，查地址半小時，寫文章一小時又 15 分鐘，然後，在準備送往鄰街的郵筒投郵時，又因為考慮是否需要帶把雨傘而用掉了 20 分鐘。一件 3 分鐘就可以辦完的事，在這位老太太身上卻因為猶豫焦慮和操勞花上整整一天，最後還落得身心俱疲。一個做事迅捷、工作效率高的人，即使同時應對幾件事也能勝任愉快；而一個行動遲緩、推三阻四的人，也許一天下來連一件事也做不成。二者的區別在哪裡？就在於前者已經養成了習慣，而且掌握了做事最簡捷的方法；而後者，只是學會了拖延，他的事情總是無法完成，所以時間

也總是不夠用。

下面是時間管理的一些技巧,只要你好好掌握,一定能夠事半功倍。

1. 遵循 10／90 法則

大多數管理者90%的決定是在他們10%的時間裡做出的。管理者們很容易陷在日常事務中,那些有效地利用他們時間的管理者,總是確保最關鍵的10%的活動具有最高的優先順序。

2. 了解你的工作率週期

每個人都有日工作率週期,有些人在上午工作效率最高,有些人是在午後或晚上工作效率最高。凡是了解自己工作率週期並能合理安排工作日程的管理者,可以顯著地提高管理效率。他們在工作率週期效率最高時處理最重要的事情,而把例行的和不重要的事情挪到效率低時處理。

3. 記住帕金森定律

帕金森定律指出,工作會自動地增加從而占滿所有可用的時間。時間管理隱含著你可以為一項任務安排過多的時間,如果你替自己安排了充裕的時間從事一項活動,你會放慢你的節奏以便用掉所有分配的時間。

> 直擊目標：從極簡做起

4. 把不太重要的事集中起來辦

每天留出一些固定的時間打電話，處理未辦完的事情，以及其他零碎的事情。理想的情況是，這段時間安排在效率週期的谷底時段，這樣做可以避免重複、浪費，還可以使你在處理重要的事情時免受瑣事打擾。

5. 避免將整段時間拆散

只要可能，請留出一天中工作效率最高的一部分時間作為整段的可支配時間，然後，盡量將自己平靜下來。在這段時間裡你應該限制別人進入你的辦公室，謝絕電話和來訪者。你每天可以另外留出一段時間，接待那些沒有事先預約的來訪者，打電話或接電話等等。你能夠在多大程度上將自己隔離，取決於你的企業文化，你的上司和屬下對你的信任程度，而最重要的是你在企業中的位置。

一般來說，你在企業中的地位越高，你可以不必在任何緊急情況下都到場；相反，大多數基層員工的狀況就不是如此。

6. 減少會議所浪費的時間

會議占去了管理者的大部分時間，而且時間還越開越長。如果由你來主持會議，你應該在會議開始時就宣布會議

的時間,並且準備一份書面的會議日程並公告周知。

　　還有一個建議是要求所有參加會議的人站著開會,雖然這有點不近情理,但確實能夠使會議時間大大縮短。只要人們坐下來並找到一個舒服的姿勢,他們的注意力就不會集中在討論問題上。

　　有些管理者的辦公室沒有為來訪者準備座位,從而使來訪者意識到他應避免浪費管理者的時間,而管理者通常將那些需要長時間充分討論的會議移到會議室去開,在那裡可以有足夠的和舒適的座位供大家使用。

直擊目標：從極簡做起

凡事必有順序

　　企業中，一個員工首先要知道的不是工作的細節，而是確定工作的大致方向與優先順序。例如，應該先確認好哪些工作事項，才能開始進行後續的作業；哪些事情應該排在最後，以避免因其他流程的變動而必須一再地重做；各項流程之間應如何協調與整合等等。

　　每一個管理者每天都面對許多工作，它們有的互相牽連，有的互不相關；有的很重要，有的不太重要；有的急需處理，有的不太緊急，但哪一件事情都必須做好。如何統籌安排好這些工作，是每一個管理者都必須面對的問題。

　　在一系列以實現目標為前提的待辦事項之中，到底哪些事項應先著手處理？哪些事項應延後處理，甚至不予處理呢？

　　任何工作都有它自身的運作規律，企業運作與行政事務一樣，都有其固定的做法。聰明的工作人員會根據這些規律找出更有效的工作方法，然後設計一套適合我們習慣的操作模式，幫助自己駕輕就熟地開始工作。

　　例如，上班規範。開門後先定格觀察一下辦公室內有無異樣，如有異樣，迅速鎖門保留現場，等候同事相助；如無異樣，則一路進去，左手拿什麼，右手理什麼。邊做邊想有

凡事必有順序

些馬上要做或剛發現要做的事的做法，就像紡織廠的分工人員那樣迅速地眼觀六路、耳聽八方，眼明手快、乾淨俐落。

再如，充分利用我們的大腦，用心記住一切相關事物和資訊，養成記筆記與迅速分門別類處理事務的習慣，如擬文件、打電話、列印文件、接待客戶等。在我們的大腦中迅速合併同類事項，依先後順序處理，做出正確反應，和原先已定妥的事情再歸類，迅速重排順序，形成一個新的行動計畫。

沒有順序，很多結果都會不如預期。假設你正要買一棟房子，房屋仲介打電話過來說：「屋主同意你出的價錢，看來這買賣成交沒問題。」

「太好了！」你說道。

對方回答道：「是啊，這太好了。」然後電話就這樣結束了。

好，如果事情到此為止，就什麼事情也沒有完成，也許房屋仲介正等待你做下一步決定，而你卻認為他應該採取下一步行動，結果便停留在這裡。反之，如果你問他「下一步該怎麼做」，或者他主動說「接下來我們應該這麼做」，那麼事情便可以繼續推進。

當然若真的是在買房子，或者處理其他重要的個人事情，你可能不會讓這種情況發生，但像下面這樣的會議想必

> 直擊目標：從極簡做起

大家都不會陌生：會議達成一致意見，每個人也都認為要解決問題，並且就下一步驟也達成了共識，然後大家一個接一個地離開了會議室。

但奇怪的是，結果什麼事情都沒有完成，其原因就是沒有排列出所要解決的問題的先後順序，更糟糕的是由於沒有人總結會議所討論出的結果（最理想的是書面總結），導致每個人都各自形成了一套屬於自己的先後順序，這無疑使整個事情呈現出一種無序狀態。

在《商業七宗罪》中，作者艾琳‧夏皮羅（Eileen C.Shapiro）談到了使公司陷入困境的原因。第一條「致命的罪惡」就是很多公司設定了一個遠大目標，卻很少關心如何實現這一目標。這正是我們所討論的，如果凡事沒有先後順序，那什麼事情無法完成。

此外，事情的先後順序還是預測未來的最好方法。簡而言之，事情的先後順序就是我們的計畫，或者說得更確切一點，合理的順序是一個完美計畫的基礎。

有時，也可以找出適用同一順序的所有事情，借鑑同一個順序模式來做。很多時候人們是在重複做相同的事情。舉個例子，同樣的事情可能會在公司的幾個地方相繼發生，而你或許也被牽涉其中。如果是這樣，一旦發現了一個事情中的先後順序，便可以把這個順序應用到其他事情當中，讓我

們知道到底有多少這樣的事情要做。

對於安排工作順序這個問題,麥肯錫公司給出的建議是:應按事情的「重要程度」編排行事的優先次序。所謂「重要程度」,即指對實現目標的貢獻大小,對實現目標越有貢獻的事越是重要,越應獲得優先處理;對實現目標越無意義的事情,越不重要,它們越應延後處理。簡單地說,就是根據「我現在做的,是否使我更接近目標」這一原則來判斷事情的輕重緩急。

在麥肯錫公司,每個人都養成了「依據事情的重要程度來行事」的思考習慣和工作方法。在開始每一項工作之前,總是習慣於先弄清楚哪些是重要的事,哪些是次要的事,哪些是無足輕重的,而與緊急與否無關。每一項工作都如此,每一天的工作都如此,甚至一年或更長時間的工作計畫也是如此。

人們習慣按照事情的「緩急程度」決定行事的優先次序,而不是首先衡量事情的「重要程度」。按照這種想法,他們經常把每日待處理的事區分為如下的三個層次:

(1) 今天「必須」做的事(即最為緊迫的事);
(2) 今天「應該」做的事(即有點緊迫的事);
(3) 今天「可以」做的事(即最不緊迫的事)。

但遺憾的是,在多數情況下,越是重要的事偏偏越不緊

> 直擊目標：從極簡做起

迫。比如向上層提出改進營運方式的建議，長遠目標的規劃，甚至個人的身體檢查等，往往因其不緊迫而被那些「必須」做的事（諸如不停的電話、需要馬上完成的報表）無限期地延遲了。克服這一問題的法寶是，做要事，而不是做急事，這也是麥肯錫卓越工作方法的精髓之一。

運用這樣的工作方法，會使我們的工作變得相對簡單，做起來得心應手。

制定極簡計畫的技巧

(1) 別依賴隨處塗鴉的紙片紀錄、桌上的便利貼,或是貼在冰箱上的字條。如果你的備忘字條七零八落,也會使你遺忘很多事情。

(2) 確定自己可以在同一個地方看到所有的待辦事項,並且能檢查其進度。

(3) 在每天下班前寫下6件明天要做的重要事情。

(4) 一個目標連同其實現標準不應該超過250字。任何人都應該可以在一分鐘之內把這個目標讀一遍。寫好目標內容之後,長官和屬下每人一份。

(5) 記下工作就表示你許下了承諾,如果一件事不值得記下來,大概也不值得做。

(6) 一個員工首先要知道的不是工作細節,而是確定事情的大致方向與優先順序。

(7) 無論從事什麼工作,事先的調查和分析都有助於你找到實現目標的最佳方案。

直擊目標：從極簡做起

極簡策略：聚焦核心，精準推進

兩點之間最短的是直線。事情能否簡單解決，關鍵不在於事情的難易，而在於解決問題的人是否能夠用最簡單的方法。保持高效率的最好辦法就是用最直接、最簡單的方法解決問題，建立簡單的工作模式與習慣。

解決複雜問題的方法有很多，但我們需要的只是最簡單、最實用的那個。古希臘的哲人告訴我們，要讓生雞蛋直立在桌子上，最快最簡單的辦法就是輕輕敲破蛋殼。

如果一個人從事的是一份自認為不值得做的工作，往往會保持冷嘲熱諷、敷衍了事的態度。不僅成功率小，而且即使成功，也沒有多大的成就感。

許多工作就像跨欄一樣，你只要在不碰倒欄架的前提下跨過去就行，除此之外，跳得再高都不會有額外的加分。最好的跨欄選手是僅以細微的差距跨過欄架。

什麼因素能使企業更有效運轉，賺到更多利潤，原因就是管理核心，企業員工就應該全力以赴地投入，而不是去關注全面管理，甚至分心去研究還缺什麼。

以問題為中心，就事論事

解決複雜問題的方法有很多，但我們需要的只是最簡單、最實用的那個。古希臘的哲人告訴我們：要讓生雞蛋直立在桌子上，最快最簡單的辦法就是輕輕敲破蛋殼。

有一家精密儀器製造公司，擁有一批世界著名企業構成的客戶群。在二〇〇〇年上半年，該公司連續出現了幾次較嚴重的品質問題，客戶紛紛退貨，並按規定發出停止供貨通知書。該公司內部人員人心惶惶，不知道公司能否度過眼前的危機。

面對這種不利的情形，總經理立即採取了一個簡單而堅決的做法——換掉製造部經理，全力制定改善方案。結果，在很短的時間裡，品質問題得以解決，人際關係也重新調整，客戶也來了新訂單，表示願意繼續合作。

或許你覺得製造部經理可能不是主因，因為問題發生的原因和責任尚未釐清。可是，當遇到複雜的問題時，簡單而直接地進入解決問題的方式可能會更好，因為管理的目的就是為了解決問題。

如果管理者在問題面前過於強調是非、追究責任，反而會把問題複雜化，從而耽誤了解決問題的最佳時機，弄不好還會助長相互推諉、逃避責任的不良風氣。

> 極簡策略：聚焦核心，精準推進

　　至於問題的真正責任者，在解決問題的過程中，自然就能分辨出來。而他本人也會在此過程中深刻反思，積極貢獻力量，爭取將功補過。

　　實踐極簡管理，很重要的一點就是要不分是非，因為在明辨是非的過程中容易誤入歧途，迷失目標。比如你不懂鑄造，遇到的第一個問題是，出現品質問題該怎麼辦？這是一個很棘手的問題。

　　按照不分是非的方法，管理者先不追究這是誰的責任，而是先分析原因是什麼，有什麼好的解決方法，大家換個角度思考，當原因一步一步浮現出來後，就會出現良性的討論和溝通，有了原因，也有了解決方法，這件事情由誰負責就很明確。

　　對於事件的負責人而言，他用心帶動其他人去做了，至於造成這件事的人和因素，在討論過程中已經不言而喻了。

　　舉一個很簡單的例子來說，所有的員工都坐在辦公室裡，這時總經理走進來，看見地上有一個紙團。如果總經理問這是誰扔的，這麼沒規矩，不管是誰扔的，他都不會承認。

　　不追究是誰扔的，而是走過去，**彎下腰把這個紙團撿起來**，這時，可能沒有等總經理去撿，扔這個紙團的人已經在他之前把它撿起來了。即使他沒有去撿，總經理把它撿起

來,扔到垃圾桶裡,旁人也都知道了這是一個壞習慣。其實總經理就只是用了一個不分是非的方法而已。

對於所有的企業來說,時間就是金錢,效率就是生命。如果你能將做每件事的時間都縮短一秒,那麼累積起來就爭取了更多時間,提高了效率,可謂一石二鳥。然而要想縮短做事時間,就必須以極簡的方法去做每件事,拋棄一切煩冗的流程。

自第三次產業革命以來,資訊業蓬勃發展,各個企業都把提高工作效率放在自身發展的首位。高效率的企業需要高效率的員工。比爾蓋茲(Bill Gates)就曾毫不掩飾地讚揚過他的員工:「我的成功是因為我有一批有活力、有創新精神的員工,他們帶動了企業的快速、健康發展。」

就在企業將目光投向工作效率時,作為一名員工,要想得到上司的重用,出色地完成任務,勢必要在提高效率上下一番功夫。高效率地解決問題既可讓自己工作得更加輕鬆,也會讓你成為公司的關鍵人物,上司的得力助手,前程不可限量。

如何才能取得高效率呢?你一定還記得上學時,數學老師經常講的就是「化簡」,把每一道題經過化簡解出,才是最簡單的。其實,保持高效率的最好辦法就是用最直接、最簡單的方法解決問題,建立極簡的工作模式與習慣。事情能否

簡單解決，關鍵不在於事情的難易，而在於解決問題的人是否能夠用最簡單的方法。

問題的複雜程度取決於解決方式的複雜程度。當一個問題出現後，你如果用複雜的方式處理，那麼問題就很可能變得更加複雜，反之，如果用簡單的方式處理，問題就可能也變得非常簡單。

任何事情其實都不複雜，通常是人為將其複雜化了，所以，我們解決問題要注意從事物的最初面目出發，就事論事，不將其複雜化。對於員工來說，只有專注工作本身，而不是過分看重業績評量的項目，才能有真正好的表現。

不做不值得做的事情

作為一名出色的員工，他的首要任務是確保做正確的事情，其次才是督促自己把事情做正確。

一家IT公司在北京有一家分公司，年中時，總部發現分公司已經達成了全年的營業額，但到年終才發現，分公司的營業額裡有一半不是來自銷售總部提供的產品，而是他們發現一些客戶有特殊需求，就組織了一批人幫客戶量身打造軟體，業績由此而來。

從營業額的角度看，它是達成任務了，但實際上，它沒有達成公司制定的目標，作為分公司，它最核心的目標是銷售本公司產品，這也是公司策略布局當中的一個組成部分。偏離目標是最可怕的，表面上完成計畫並不等於沒有偏離目標。

最後公司總經理在年終總結時說：「在我的策略布局上，你這個分公司沒有意義，公司今年的新產品要在市場上銷售，你沒有打開市場局面，沒有做正確的事情。」

偏離目標，常常可以幫你建造華麗的空中樓閣，讓你誤以為自己完成了任務。你消耗了大量的時間與精力，得到的可能僅僅是一絲自我安慰和虛幻的滿足感。當夢醒後，你會發現該做的事一件都沒有做，而自己卻已疲憊不堪。不值得

做的事還會浪費自己的時間，因為你在這件事情上付出得越多，代價就會越大。

注意力也是一種資源，而其正確的指向，則比資源本身更重要，更有意義。在工作中，找對方向是一種智慧，一種責任。因為在一定時期內，一個人、一個企業的目標是統一的，資源和能量是有限的，如果你的工作偏離了企業的目標，偏離了團隊的要求，你的工作對團隊將沒有任何意義。

世界的開放性和流動性加大又加快，為團體選擇和個人的發展提供了機會，但也分散了人的注意力和精力。選擇像一條河流，人們需要越來越強的「游泳技巧」，更需要游向正確的方向，因為你不可能永遠就這麼游下去。

此外，如果一個人從事的是一份自認為不值得做的工作，往往會保持冷嘲熱諷、敷衍了事的態度。不僅成功率小，而且即使成功，也沒有多大的成就感。因此，對個人來說，應在多種可供選擇的奮鬥目標及價值觀中挑選一種，然後為之奮鬥。

編劇尼爾・賽門（Neil Simon）在決定是否將一個構思發展為劇本前會問自己：「假如我要寫這個劇本，每一頁都盡量保持故事的原則性，而且能將劇本情節的跌宕起伏和其中的角色個性表現得淋漓盡致的話，這個劇本會有多好呢？」答案有時候是：「還不錯，會是一個好劇本，但不值得花費一兩

年的時間。」如果是這樣的答案,賽門就不會寫。

遺憾的是,大多數人一直要到他們走了一大段路以後,才開始問這樣的問題,也許是因為年輕時並不了解,計畫一旦開始要花費多少時間才能完成,也不了解我們的時間其實非常有限和寶貴。

對一個企業或組織來說,則要好好地分析員工的性格特性,合理分配工作。比如,讓成就欲望較強的員工單獨或帶頭來完成具有一定風險和難度的工作,並在其完成時給予即時的肯定和讚揚;讓依附欲望較強的員工更多地參加到某個團體中共同工作;讓權力欲望較強的員工擔任一個與之能力相配的主管。同時要加強員工對企業目標的認同感,讓員工感覺到自己所做的工作是值得的,這樣才能激發員工的熱情。

極簡策略：聚焦核心，精準推進

收集極簡工作的技巧

任何複雜的事情，都一定會有很多解決的方案。但無論如何，總會有一個極簡的方法來化解複雜。事物的本質既然很簡單，那麼我們就要學會用極簡的方法解決問題。

邁瑞的上司要參加一個緊急會議，要求她將以前列印的一份帶有工作流程圖的文件刪掉上半部分，重新整理出一份。邁瑞一打開文件就傻眼了，如果要改掉以前的文件，起碼要幾分鐘，而老闆馬上要用，怎麼辦？

聰明的邁瑞急中生智，將上面的部分折起來複印一下不就行了嗎？這果然是個好辦法，簡單有效率，既沒有耽誤老闆的事，又省了自己的時間和精力。

後來，邁瑞的老闆很重用她，把很多重要的事情交給她來處理。這是為什麼呢？因為她辦事效率高，老闆會放心地把事交給她。所以，工作中一定要頭腦靈活，用極簡的方法辦事，只要是將問題完美地解決，偷懶也是可以的。

在工作中，你可以找到很多解決問題的極簡方法。這些極簡的方法，有些可以解決某一類問題，有些只能解決某些工作中的細節問題。在某種客觀條件下，他們是完成任務的捷徑，之所以說「熟能生巧」，也是因為這種「巧」包含了一些簡化工作的技能。一個員工只有掌握了這種技能，才能成

> 收集極簡工作的技巧

為一名高效能的員工,才能熟練地完成自己的工作。

如果想收集各種極簡工作的方法,你可以利用總結成功的經驗,吸取失敗的教訓。最好隨身帶一個小筆記本,隨時記下自己的心得,無論成功還是失敗都要學會總結經驗。正如一位哲人所說,善於學習的人才善於創新,且犯同樣錯誤的人還是很多的。

避免在同一個地方犯同一種錯誤的最好方法是即時進行總結,找到解決的辦法,透過自己的實踐得來的經驗是永遠不會忘記的,也是最有效的。

在總結經驗和教訓的同時,還需要多觀察別人,學習別人的長處。別人為什麼能用極簡的方式解決問題,必定有其祕訣,不妨多觀察別人或者虛心向別人請教。「取人之長,補己之短」,只有這樣才能不斷進步。

喬丹從小酷愛打籃球,但是由於投籃命中率不高,在場上沒有殺傷力,每次打完球後都很苦悶。起初,他認為投籃命中率不高是由於練習不夠,可是經過一段時間的勤奮練習後卻仍然沒有什麼突破。後來,他仔細地觀察了高手的投籃動作,發現他們的姿勢都很標準,並且幾乎一樣。他這才發現,原來投籃也是需要正確姿勢的。他細心記下了別人的投籃動作,自己試著練習最終找到了投中籃的訣竅。反覆練習之後,籃球場上的喬丹投籃時更加得心應手了。

> 極簡策略：聚焦核心，精準推進

別人的好經驗對我們來說是寶，它可以讓我們少繞遠路，簡單直接地解決問題。「三人行，必有我師焉。擇其善者而從之，其不善者而改之。」我們要虛心向工作上經驗豐富和做事有方法的同事學習，不論職位高低或年齡長幼。

極簡工作的方法很好掌握，只是看你在忙碌時能否抽出時間去總結、去思索罷了，下面是筆者總結的一些小技巧，按照這個去做，或許會產生一些意想不到的效果。

── 把常規性文件複製下來

把常規性文件複製下來，在今後的工作中加以複製使用，能大大提高我們的工作效率。譬如，企業規章制度和一些規範性文件，大致都是相同的。把這些文件在電腦裡做個備份，長官一旦需要，隨時可以調出來，針對需求修改與調整，就成了一份令上司滿意的資料。這不但提高了效率，也增加了上司對我們工作能力與表現的好感和信賴。

── 隨身背的包包要多幾個口袋

隨身背一個多幾個口袋的包包，能避免找東西時亂翻，讓人認為你是一個沒有條理的人。現代社會，隨身要帶的東西多又零碎，因此隨身的包包，多幾個口袋準沒錯。還可以多買幾個類似的包包，以備在不同場合使用。

—— 一定要午休

午休是工作日裡最寶貴和短暫的休息時間。對於這一天裡承上啟下的重要時段，吃好、休息好是關鍵，最好不要讓別人打擾，也別去打擾別人。

—— 集中時間處理積壓的工作

雖然理想的工作狀態是當日事當日畢，但恐怕沒有幾個人能夠真正完全做到。替自己所拖欠的工作按日、按週或者按月、按年列出一個清單來，也就是所謂的帳單，這樣你就不得不做出「銷帳」的計畫。按部就班地付清了欠帳時，把帳單一撕，瞬間就能感受到完成工作的快感。如果不及時集中時間處理之前積壓的工作，時間越長積壓的工作就越多，最終會壓得你喘不過氣來。

—— 為心靈放一個「垃圾桶」

在辦公室的一角，你可能已經為自己安置了一個垃圾桶，但千萬記得也要在心靈的一隅留給自己一個「垃圾桶」的位置，以便隨時清理掉那些影響你心情的「垃圾」。

無論在辦公室還是在家，每天清理一下自己的環境和頭腦是必要的，學會蒐集的同時也要學會遺忘，就像電腦一樣，有安裝程式也要有解除安裝程式。負面情緒也要記得解除哦。

> 極簡策略：聚焦核心，精準推進

—— 隨身帶一本書

隨身攜帶一本簡單的書，在坐車或等人時翻閱。文字務必要少，廢話也少，可以從任何一頁讀下去，這樣就不必每次都要找上次看的地方，務必和你的職業無關，以免引起對公司狀況不滿的情緒。切記別看那些沉重得使人深思的書，這只會把生活的問題複雜化。

—— 有一個「藍顏」知己

應該有一個所謂「藍顏」知己，無論是事業還是情感上，當你陷入困惑或迷茫時，「藍顏」知己會是一個好的傾聽者。

—— 檢查你的技術設備

「工欲善其事，必先利其器」，定期更新電腦等辦公設備可以使你工作更有效率。

所有的工作都是一樣的，圓滿完成並不難，難的是我們沒有找到極簡的方法，導致費盡力氣卻事倍功半。因此我們應該剔除一切不必要的東西，找到極簡的方法。

別用跳高的方法跨欄

諾貝爾獎得主萊納斯・C・鮑林（Linus Carl Pauling）說：「很多時候，你會發現自己的心態處於一種知難而進的情況，但你所走的路線如果是條死巷，是否應該再多做一次嘗試呢？一個好的研究者知道應該發揮和丟棄哪些構想，否則，他會浪費很多時間在不適合的構想上。」

有時，你投入了大量的時間與精力在一個交易或關係上，盡了最大的努力，情況還是每況愈下。你嘗試加強你們的關係，但是除了得到敷衍和更多的口頭承諾外，並未得到預期的結果。你一再討論、談判、妥協，但是關係似乎更糟。這時你就應該改變你的心態，從知難而進變為知難而退了。

也許，你的期望太高，有時候「夠好」就行了。從某種意義上說，「最好」是「好」的敵人。你可能浪費太多時間和力氣去追求完美，從而使得自己沒有時間去做好其他事情。

女演員佩吉・阿什克羅福特（Peggy Ashcroft）曾告訴導演，她結合自身的經驗以及與一些好演員合作後，總結出：「有些偉大的角色……沒有人能夠從頭到尾全力演出，演員都期望自己的演技時常處於巔峰狀態，但事實上很難做到。」

> 極簡策略：聚焦核心，精準推進

鮑比・瓊斯（Bobby Jones）也有相似的結論，在美國公開賽、美國業餘賽、英國公開賽及英國業餘賽的賽事中，他是唯一贏得高爾夫大滿貫的高爾夫球員。他說：「我學會調整自己的野心後才真正開始贏球。也就是對每一桿有合理的期望，力求表現良好、穩定，而不是寄望有一連串漂亮揮桿的成就。」

鮑比・瓊斯的領悟來之不易，他要與超越自身能力的欲望對抗。在他早期的高爾夫球員生涯中，總是力求揮桿完美，如果做不到，他就會折斷球桿、破口大罵，甚至離開球場。這種脾氣使得很多球員不願意和他一起打球。後來他漸漸明白，一桿打壞了，這一桿就過去了，接下來要做的是必須盡力打好下一桿。

有的事情是必須要追求完美的。辦公室寄出的信件要確保沒有任何錯字或錯誤的語法。此外，製造降落傘、飛機起降設備的人也要致力於零出錯。但是有的事情，即使可以達到完美，也不值得花太多時間去做。成功的心態需要你去確定何時應該追求完美，何時見好就收。

有時候，你必須及時進行下一個計畫，打下一顆球，或是將提案書盡快送出去。許多工作就像跨欄一樣，你只要在不碰倒欄架的前提下跨過去就行，除此之外，跳得再高都不會有額外的加分。最好的跨欄選手是僅以細微的差距跨過欄

架。同理,如果你的計畫是需要在很短的時間內跨過很多欄架,那麼你花費太多精力在第一個欄架上,就會消耗大量體力而影響到後面的進度。

艾倫・休恩梅克(Alan Schoonmaker)提到了這一點。他建議學生以最小的差距跨過障礙,以便為其他的事情保留體力。如果一個學生未修完統計學,不論他們在其他學科上是多麼有天分,都無法得到學位。休恩梅克談到一個他在柏克萊的學生,說:「這個學生喜歡研究,努力工作而且做得很好,但是他在其中一個節點遇到挫折。在發表 25 篇論文之後,他被退學了。」

休恩梅克論點的論據雖然來自一個特殊的環境——學校,但是,他所說的基本原則適用於許多領域。假如你接下棘手的任務,處理這個任務就像處理羅浮宮的收藏品一樣謹慎或用跳高的方式跨欄,你注定會失敗,而且這會使你的自信心與名譽受損。

在企業中,這個道理同樣適用,如果客戶要求的是品質,你可以花費數千美元製造全世界最好的鋼筆,但是如果客戶需要的只是用完即丟的原子筆,你依然像製造鋼筆一樣耗資,則浪費了時間與資源。你的客戶也許不希望你在一個計畫的某一部分花去太多時間,而是希望你把每一個部分都做好。你的經理(也可以是客戶)也許只是要你將你的想法直

接、隨意地寫在便條紙上,而不是要你長篇大論。訣竅就在於,知道什麼東西應該追求完美,什麼東西應該適可而止,這才是讓自己的心態保持極簡的重要技巧,也是生存之道。

提高效率的 7 個祕訣

　　提高工作效率，在同樣的時間內創造更多的價值，是任何人、任何企業都夢寐以求的事情。提高效率在任何社會、任何場合永遠都是不變的道理。

　　如何讓提高效率變得簡單呢？美國職業生涯規劃與時間管理專家布萊恩·崔西（Brian Tracy），集十多年實務工作經驗與研究，發現了能使效率加倍的 7 個工作祕訣：

① 全心投入工作（Work Harder At What You Do）：當你工作時，一定要全心投入，不要浪費時間，工作場所不是社交場合。如果你能長期堅持做到這一點，就會使你的工作效率加倍。

② 工作步調快（Work Faster）：培養一種緊迫感，一次專心做一件事，並且用最快的速度完成，之後，立刻進入下一件工作。養成這個習慣後，你會驚訝地發現，一天所能完成的工作量居然是如此的驚人。

③ 專注於高附加價值的工作（Work On High Value Activities）：你要記住工作時數的多少不見得與工作成果成正比。精明的老闆或是上司關心的是你的工作數量及工作品質，工作時數並非重點。因此聰明的員工會想辦法找出對達成工作目標及績效標準有幫助的活動，然後投入

> 極簡策略：聚焦核心，精準推進

更多時間與心力在這些事情上面。投入的時間越多，每分鐘的生產力就越高，工作績效也就提高了，自然會贏得老闆及上司的賞識與重用，加薪與升遷指日可待。

④ 熟練工作（Do Things You Are Better At）：你找出最有價值的工作項目後，接著要想辦法，透過不斷學習、應用、練習，熟練所有工作流程與技巧，累積工作經驗。你的工作越純熟，所需的時間就越短；你的技能越熟練，工作成績就上升得越快。

⑤ 集中處理（Bunch Your Tasks）：一個有技巧的工作人員，會把許多性質相近的工作或活動，如收發 E-mail、寫信、填寫工作報表、填寫備忘錄等，集中在同一個時段來處理，這樣會比在不同時段處理節省一半以上的時間，同時也能提高效率與效能。

⑥ 簡化工作（Simplify Your Work）：盡量簡化工作流程，將許多分開的工作步驟加以整合，變成單一任務，以減少工作的複雜度，另外，運用授權或是外包的方式，避免把時間花費在低價值的工作上。

⑦ 比別人工作時間長一些（Work Longer Hours）：早一點起床，早點去上班，避開交通高峰；中午晚一點出去用餐，繼續工作，避開排隊用餐的人潮；晚上稍微留晚一些，避開交通尖峰時間，再下班回家。如此一天可以比一般人多出 2 至 3 個小時的工作時間，而且較不會影響正常

的生活步調。善用這些多出來的時間,可以使你的生產力加倍,進而使你的收入加倍。

一個成功的人,通常是一個工作效率很高的人。希望你將這7個小祕訣謹記在心,不斷地應用、練習,直到它成為你工作、生活的習慣為止。只要養成這些習慣,你的工作業績一定會提高,收入也會加倍。

> 極簡策略：聚焦核心，精準推進

經驗有時很管用

諾貝爾獎得主赫伯特・賽門（Herbert Simon）在人工智慧的研究中發現了一個與研究無關但令人著迷的結論——經驗有時是最好的決策依據，並據此提出了所謂的象棋「模式詞彙」理論。

我們知道，許多領域的專家都有來自多年正規教育及長期豐富的實踐經驗，如醫生、藝術家和各個行業的工作者，經驗為他們帶來了很高的榮譽與地位。

賽門所研究的象棋「模式詞彙」就是有關經驗的一個發現。賽門試圖使電腦像人那樣「思考」，他和同事研究了用電腦程式設計下棋的問題，他們假設人們透過像決策樹那樣設計電腦程式，讓電腦在每走一步之前，搜尋所有可能的招數及對手的應對，然後再做出決策。

然而，這一假想只能停留在理論上，它是不實際的。因為可能的招數有 10 的 120 次方（等於 1 兆）那麼多，而當時最快的電腦在一個世紀內也只能計算 10 的 20 次方的數。因此，讓電腦透過設計的程式來預測下一步招數，在技術上是不可行的。

那麼為什麼優秀的棋手就能保持很高的勝率呢？賽門又

> 經驗有時很管用

做了一個試驗，發現世界上最厲害的棋王用 10 秒鐘就能飛快地掃一遍正在進行的棋局（棋盤上的棋子約 20 個），並能記起每個棋子的位置，這與短期記憶理論並不相符。

當 A 級棋手（級別比棋王低）被要求做同樣的測試時，他們的成績要比棋王差一些。要強調的是，這個試驗只局限於正在進行中的棋局，如果只是隨機擺設的棋子，不管是棋王還是 A 級棋手，都無法在短時間內記住棋子的位置。

這一切能說明什麼呢？賽門認為，這是因為棋王有大量的被充分開發的長期象棋記憶，而且，這種記憶採取的是潛意識的記憶形式，也就是他提出來的象棋「模式詞彙」。

棋手下棋時會思考之前是否見過這個棋局（模式），它的來龍去脈如何，它前一招是什麼，它後面的局勢會如何發展。

賽門研究發現，棋王的象棋「模式詞彙」大約有 50,000 個，而 A 級棋手相比之下就少很多，只有 2,000 個左右。棋手們都使用了決策樹的思維方式，但是經驗量的差異影響了各自發揮的效果。

現在明白了賽門研究的含義，我們會發現這個理論在其他地方有很大的用途，尤其是在管理上。有經驗的老闆有很好的直覺，他的管理「模式詞彙」能迅速地告訴他事情是會變好還是變糟。

> 極簡策略：聚焦核心，精準推進

「模式詞彙」的概念對於實行極簡管理有著重要的意義，經驗有時真的很管用，幫助我們迅速做出決策。從賽門的研究中，我們可以學到很多東西，例如對於關鍵決策來說，我們要相信自己的感覺，對於日常管理來說，我們要經常詢問顧客和員工的建議，汲取他們的經驗。

抓住事物的關鍵

一位傑出的時間管理專家在講課時，曾經做了這樣一個試驗：

這位專家拿出了一個1加侖的燒杯放在桌上，隨後，他取出一堆拳頭大小的石塊，把它們一塊塊放進燒杯裡，直到石塊高出燒杯再也裝不進去為止。

他問：「燒杯滿了嗎？」

所有的學生應道：「滿了。」

他反問：「真的？」說著他從桌下取出一桶礫石，倒了一些進去，並敲擊燒杯壁使礫石填滿石塊間的間隙。

「現在燒杯滿了嗎？」

這一次學生有些懂了，一位學生低聲應道：「可能還沒有。」

「很好！」

專家伸手從桌下又拿出一桶沙子，把它慢慢倒進燒杯。沙子填滿了石塊的所有間隙。他又一次問學生：「燒杯滿了嗎？」

「沒滿！」學生們大聲說。

然後專家拿過一壺水倒進燒杯，直到水面與杯口齊平。他望著學生：「這個試驗說明了什麼？」

一個學生舉手發言：「它告訴我們：無論你的時間表多麼

> 極簡策略：聚焦核心，精準推進

緊湊，如果你再想一想，還可以做更多的事！」

「不，這還不是它真正的寓意所在。」專家說，「這個試驗告訴我們，如果你不在最開始把大石塊放進燒杯裡，那麼你就再也無法把它們放進去了。」

一個人在工作中常常會被各種瑣事、雜事糾纏，有不少人由於沒有掌握高效能的工作方法，而被這些事弄得筋疲力盡，心煩意亂，總是不能靜下心來做最該做的事；或者是被那些看似急迫的事所矇蔽，根本就不知道哪些是最應該做的事，結果白白浪費了大好時光。

「大石塊」，一個形象而恰當的比喻，它就像我們工作中遇到的事情一樣，在這些事情中有的非常重要，有的卻可做可不做。如果我們分不清事情的輕重緩急，把精力分散在微不足道的事情上，那麼重要的工作就很難完成。

用最充沛的精力去做最有價值的事情，用有限的精力去做最重要的事情，這直接關係到企業發展和成長。如果在工作中暫時抓不到重點，可以少做一些，反覆溝通，以便抓住事物的關鍵。

「少做一些，不是要你把事情推給別人或是逃避責任，而是當你集中焦點、很清楚自己該做哪些事情時，自然就能花更少的力氣，得到更好的結果。」詹森（Bill Jensen）在接受最新一期的《快速企業》（*Fast Company*）雜誌訪問時如此說道。換句話說，目標清楚、掌握重點、做好溝通，是極簡工作的

> 抓住事物的關鍵

不二法門。

有的經理人辦公桌上列了很多必須完成的工作,而且都是重點工作,所以他們終日繁忙,忙得昏天暗地,但事情卻似乎越辦越多,甚至越辦越糟。還有一些經理,他們事必躬親,處處都能看到他們忙碌的身影,因為在他們眼裡到處都是重點,結果是顧此失彼,事情沒做好,還苦不堪言……。

作為一個管理者,為了更有效地執行公司的任務,就必須分清輕重緩急,這就是「管理的層次性」問題。當一個主管說「我列了10項重點」時,表示他根本沒有重點。這樣的主管不可能帶領一個高執行力的企業。

在企業管理中,特別是在大型現代企業的管理中,講究管理的層次性非常重要。管理上沒有層次性,必定是打亂仗;管理上層次分明,工作才能有條不紊地進行,事半功倍。

管理者對自己主管的工作,既要綜觀全局,對大大小小的事情做到心中有數,更重要的是要理出其中的頭緒來,從中抓住主要的工作,掌握住事情之間的連繫。

作為管理者,必須懂得統籌安排,分清輕重緩急,做好人員分工,並且安排好各項工作之間、各個人員(部門)之間的先後次序和相互銜接,不時地注意其進度,監督其品質,檢查其結果。而對那些地位重要、影響重大的工作,可能要親自動手,慎之又慎、精益求精地做好。

極簡策略：聚焦核心，精準推進

抓住核心而非全部

什麼因素能使企業更有效運轉，賺到更多利潤，關鍵因素就是管理核心，企業員工就應該全力以赴地投入，而不是去關注全面管理，甚至分心去研究還缺什麼。

在一個企業中，最複雜莫過於管理。關於企業管理，古今中外有無數種思想、理論、工具、系統，但也有些人把它簡化為企業裡只有兩種人：管理者與被管理者。那麼，再推下去，依筆者看來，所謂管理者，也只需考慮做好 1.75 件事，即一個 1 件事，一個半件事，一個 1／4 件事。

1 件事，你的員工能勝任所在職位嗎？

企業發展有不同階段，需要不同的職位，這些職位有不同的需求。想清楚你的需求以及需要什麼職位，你的職位都需要怎樣的員工，最後把他們找來。這件事做好了，你的企業在營運中就不會犯錯。

找來的員工不能勝任職位時怎麼辦？請考慮以下問題：

第一，職位的設定和要求合理嗎？

第二，負責應徵的人能勝任嗎？

第三，可以透過培訓讓他們勝任嗎？

半件事，能夠勝任工作的員工中，有「優秀」的嗎？

> 抓住核心而非全部

之所以說這是半件事,是因為它無須占用你很多時間,你只要保持一份關注,能夠「發現」他們就好了。能夠勝任工作的員工,有職業精神就夠了;而優秀的員工,會表現為「敬業」。他們真的喜歡這份工作和你的公司,積極地為你出謀劃策,他們會去向朋友宣揚,也不太計較加班。

擁有優秀的員工,可以算是上天對你的嘉獎。但他們可能比較在乎工作環境,比如同事、直屬長官等,因為他們希望在公司找到「家」的感覺。

你得想明白,你願意付出成本為他們創造這樣一種環境嗎?

1／4件事,是從優秀的員工中尋找具有「卓越」潛力的,這可能是你的接班人人選。他們有強勁的動力,屢敗屢戰,越挫越勇。

他們有非常清晰和明確的個人目標,並且這種目標與你企業的發展目標能夠相配合。當然,他們也可能有野心,這就要看你如何平衡了。

這種員工可遇不可求,如果你不願意好好用,他們會被獵人頭公司挖角到其他公司去。你也許認為沒有損失,但再想遇到這樣一個人可能是件成本較高的事,所以,最好能有一些滿足他們成就感的行動,把他們留住。

對於這些可能顯得有些狂熱的員工來說,沒有什麼能夠

像獲得成功那樣取得成就。他們最需要的是你的認可。

管理者關心的這些事,依次是呈漸進式的勝任、優秀、卓越。與之對應的被管理者 —— 個人,也只需關心3件事:

第一,我需要一份工作,養家餬口,安身立命;

第二,我想要一份更好的工作,無論是跳槽,還是內部升遷、轉職;

第三,我怎麼樣才能勝任我做的每一份工作?

看,最基本的還是勝任。這可能是管理中最容易被忽視的問題。把簡單的事弄複雜很簡單,把複雜的事變簡單很複雜。極簡管理需要消除矛盾,找到關鍵,處理好經營和管理、開放和內斂、自信和從容、年輕和成熟、簡約和集約之間的關係。

尋找最直接方法的技巧

(1) 尋找極簡的解決方案。

(2) 首先問自己:「這裡可以做的極簡事情是什麼?」

(3) 看看是否能以25個字或者少於25個字連貫地描述一件事、一個問題、一個解決方案或者是一個提議。

(4) 能夠在30秒內完成上面的事情嗎?有時候這叫做「電梯推銷」,意思就是當在電梯裡碰到某個重要人物時,能充分利用在電梯中的時間傳達資訊。

(5) 記錄事件/問題/解決方案/提議。

(6) 如果最終發現找到的是一個非常複雜的解決方法,說明可能走錯了方向,從頭再以一種極簡的方式再來一次。

(7) 當遇到某件事情時,先問自己「有沒有更簡單的方法」。

(8) 讓人們像對待6歲孩子那樣對你說話。

(9) 問自己一些簡單的問題。什麼人?什麼事?為什麼?哪裡?何時?進展如何?哪一個?

(10) 尋求極簡的回答。在和高級技術人員打交道時這一點尤其重要。

極簡策略：聚焦核心，精準推進

極簡溝通：精準直達的關鍵

> 極簡溝通：精準直達的關鍵

　　據統計，現代企業工作中的障礙幾乎都是由於溝通不足而產生的。工作中的溝通就是為了能讓工作變得更簡單、更有效，因此溝通也應該用極簡的方式。

　　在成功的專案中人們往往感受不到溝通的重要，在失敗專案的反思中，卻最能看出溝通不良的害處。

　　都說「有話則長，無話則短」，但這個並不是極簡，極簡是「有話則短，無話則不說」。直截了當就是極簡的溝通方式。

　　人與人之間的好感是要透過實際接觸和語言溝通才能建立起來的。一個員工，只有主動跟上司面對面的接觸，才能讓上司了解到自己的工作才能，才會有被賞識的機會。

　　管理大師湯姆·彼得斯（Tom Peters）說：「溝通是個無底洞。」溝通過程中不可避免地存在爭論，這種爭論往往喋喋不休，永無休止。無休止的爭論不能形成結論，而且是吞噬時間的黑洞。

　　杜拉克（Peter Drucker）說：「人無法只靠一句話來溝通，總得靠整個人來溝通。」溝通只在有接受者接受時才會發生。

　　在我們給出做某事的標準之前，我們不可能讓別人領會到自己頭腦中的標準。

溝通是個無底洞

「溝通是個無底洞。」管理大師湯姆・彼得斯說,「人類的本性就是這樣,為了使溝通更順利一點,時間更短一點,你必須與別人反覆溝通。」我們需要有效的、積極的溝通,這也是實現極簡管理、提高工作效率的首要途徑。

其實,溝通本身無處不在,現代的溝通方式比過去豐富很多,可以隨時隨地溝通。然而,研究者發現,內部溝通中,至少有80%的會議、電話、E-mail等屬於分享資訊,對行動沒有幫助,不是為最後決策而溝通,如果對方忽略這些資訊,也不會造成嚴重後果,真正對實際行動有用的溝通可能還不到20%,這就很容易出現「議而不決,決而不行」的情況。

此外,工作節奏加快、閒暇時間有限也使人們缺乏傾聽的耐心,散布消息或快速搜尋對自己有用的資訊成為溝通的主要目的,這也是謠言比正確資訊傳播速度快、範圍廣的重要原因——人們不願意花時間認清本質,深入事件發展過程。工作中的溝通就是為了能讓工作變得極簡而有效,因此溝通也應該用極簡的方式。日常的溝通一定要簡要直接。能站著溝通,就不要坐著溝通。不講客套話、不講多餘的話,把最重要的資訊首先傳達給對方,然後把需要講的話說完就可以了。

極簡溝通：精準直達的關鍵

　　站立式溝通是實施極簡溝通的一個有效方法。有些事情沒有必要坐下來討論。如每週第一個工作日的晨會，部門經理只要站在黑板前，把一週要做的事情在黑板上描述一下，把自己的資訊與其他經理溝通一下就好，而且時間不必很長，只要講清楚你要讓大家做什麼、怎麼做就可以了。

　　有些公司還規定，任何管理階層到工廠現場不准坐下，因為是去發現和解決問題的。發現問題就站著商量，如何解決問題就到辦公室深入討論，因此在現場不能坐。這樣一來，所有的問題就簡單了。工廠員工知道管理者是來工作的，不是來閒聊的，這種行為無形中就傳達了一種良性資訊。

　　會議也同理。實行簡短會議不但節約了時間，還培養起員工們一種思維習慣和方式。好的會議，每個人都盡量嚴格控制說話時間，把最重要的資訊傳遞給大家，堅持不講廢話。

　　溝通的目的是傳達資訊，而不是為了說服對方，這也是實現極簡溝通的重要途徑。很多管理者都有一定要說服對方的欲望，從而導致了溝通無法停止，造成了溝通在時間和空間上的無底洞。

　　都說「有話則長，無話則短」，但這個並不是極簡，極簡是「有話則短，無話則不說」。極簡，從字面上理解就是極其簡單。它意味著直截了當、不拖泥帶水。

溝通要到位

　　禪宗理念中曾提出過一個問題,「若林中樹倒時無人聽見,會有聲響嗎?」答曰:「沒有。」樹倒了,確實會產生聲波,但除非有人感知到了,否則就是沒有聲響。溝通亦然,只在有接受者接受時才會發生。

　　無論做什麼工作,只要是在有兩個人以上的地方,就要保證彼此間良好的溝通。

　　溝通對任何專案或企業的發展都是非常重要的。要科學地組織、指揮、協調和控制專案或者活動的實施過程,就必須進行資訊溝通。溝通對專案的影響往往是潛移默化的,所以,在成功的專案中人們往往感受不到溝通所產生的重要作用,在失敗專案的反思中,卻最能看出溝通不良的危害。

　　沒有良好的資訊溝通,專案的發展和人際關係的改善,都會受到制約。很多專案開發中,最普遍的現象是一遍一遍地重新來過,導致專案的成本一再增加,工期一再拖延,為什麼不能一次性把事情做好呢?原因還是在於溝通不良。據統計,現代企業工作中的障礙50%以上都是由於溝通不良所產生的。

　　彼特和麥克同時到一個部門上班,兩個人都很勤勞,長官交代的事都能即時去做。彼特更為主動,常常長官還沒有

說完,他就急不可耐地去做了。而麥克總是耐心聽取長官的指示,不明白的地方還會不斷請示。結果可想而知,彼特做完的工作,常常被要求重新來過,而麥克卻很少有類似現象發生。

彼特的問題出在什麼地方呢?就是和長官溝通不足。溝通不足,長官會以為你完全領會了他的意思,但是完成後卻並非如此,當然會出現重新再做一次的狀況了。

有效溝通是實現極簡管理、提高工作效率的重要途徑。

主動與上司溝通

有一位財會系的女生到一家公司應徵財會工作,財務經理對她不太滿意,但人力資源經理還是給了她一次機會,安排她從事客服工作。結果,這位女生的表現實在令人失望。她的性格過於內向,不喜歡溝通和交流,既不主動和同事打招呼,也不向「師傅」請教。很多時候,她不懂或者不清楚交付的工作,也不會向上司發問,只是按照自己的理解去做,結果總是與上司的要求相差甚遠,最後也失去了這唯一的機會。

一個不善於與上司溝通的員工,是無法做好工作的。可以說,現在的企業都是人才輩出、高手如雲,在這樣的環境中,信守「沉默是金」者無異少了很多機會,不會有什麼前途。如果只有正確的工作態度和工作成效,充其量讓你維持現狀。如果想真正有所成就,必須主動與上司溝通。

卡特是美國金融界的知名人士。他初入金融界時,他的一些同學已在業內擔任高職,也就是說他們已經成為老闆的心腹。當卡特向他們尋求建議時,他們教卡特一個最重要的建議就是一定要積極地與上司溝通。

現實生活中,許多員工對上司有一種疏離及恐懼感,他們在上司面前噤若寒蟬,一舉一動極不自然,甚至就連工作

中的述職,也盡量不與上司見面,或請同事代為轉述,或只用書面形式做工作報告,他們認為這樣可以避免被上司當面責難的難堪。

還有很多員工在任務執行過程中常常會遇到許多不確定的問題,但是他們認為求助是自己無能的表現,所以在遇到一些問題時,不願意主動尋求長官的幫助,怕長官嘲笑。另外,還有些人認為長官太忙,自己的事情太小,也不是非常著急的事情,怕麻煩長官而留下不好的印象!

不久前,筆者遇到一個公司同事,他向我抱怨說,他網路上提交的報帳單據很長時間長官都沒有批。我就反問他為什麼不跟長官說呢,他說自己不好意思,擔心長官責問!

然而,人與人之間的好感是要透過實際接觸和語言溝通才能建立起來的。一個員工,只有主動跟上司面對面的接觸,讓自己真實地展現在上司面前,才能讓上司了解到自己的工作才能,才會有被賞識的機會,也才可能得到提升。

那些只一味地勤奮工作、怕事、不主動溝通的員工往往愛揣測上司的意思,不願開口詢問,對什麼事都假裝自己知道情況,並拚命從不完整的資訊中拼湊出事情的全貌,最後的工作結果很可能與上司的要求相差甚遠。

而那些有潛在能力,且懂得主動與上司溝通的員工卻明白,在工作中保持沉默只會替自己帶來不利,只有積極溝

> 主動與上司溝通

通,成功地完成事情才是明智的行為。所以,他們總能善於找出溝通管道,更快更好地領會上司的意圖,把工作完美的完成。

員工在工作中,應樹立工作第一、效率第一的意識,學會「管理上司」,長官是你工作上可利用的資源。不僅在有問題時才尋求長官的幫助,在工作進展順利時也要向長官主動彙報工作的進展情況,因為長官最擔心的事情就是不知道你在忙什麼,不知道你的工作到底做得怎麼樣了。

對於工作彙報,你要做的只有以下兩件事情:

第一,每月至少詢問一次你的主管:「我做得如何?」盡量提出具體的問題,例如:「老闆對於我所排定的進度有無意見?」、「我認為會議流程非常順暢,你認為還有什麼地方要改進的嗎?」你應該隨時和主管溝通自己的工作表現,而不是只有每年一次的業績評量,這樣你可以事先知道自己的缺點在哪裡,及時做出改正,同時也可以了解主管的期望。

第二,每月至少詢問一次:「原先的工作安排有沒有必要調整?」也許你的目標是在年初,甚至是前一年年底所定下的,然而外在的環境有所改變,先前設定的目標勢必也要做出調整,所以應該隨時確認最優先的目標是哪些。

主動與上司溝通,主動爭取每一個溝通機會。不僅在工作場合,日常生活中與上司的匆匆一遇,也有可能決定著你的未來。比如,電梯裡、走廊上、吃飯時,遇見你的老闆,

099

走過去向他問好,或者和他談幾句工作上的事。千萬不要畏首畏尾,不想讓上司看見,或匆忙地與上司擦肩而過。如果你能善於溝通,樂於溝通,有一天你會發現,你的工作總是能最好、最快地完成。

所以說如果你不主動溝通,就沒有執行力!

積極與屬下溝通

作為員工，應該積極與長官溝通；作為上司，同樣需要積極地了解屬下的情況。郭士納（Louis Gerstner）在《誰說大象不能跳舞？》(*Who Says Elephants Can't Dance?*)中發人深省地指出：「在有關執行方面犯下的最大錯誤，莫過於把期望和檢查混為一談。因為太多的 CEO 並不知道：人們只會做你檢查的事情，而不會去做你期望的事。」

在工作中，我們經常會遇到下面這種情況：很多長官在替屬下分配完任務後，就不聞不問，坐等任務完成。

一般情況下，屬下接到任務後，便開始思考自己對任務的了解及如何完成任務，由於沒有得到及時的指導和充分的溝通，他們難以得到相關資訊的支持，最終任務將會很難完成，或者完成的結果與長官的設想有落差。產生落差的責任，最後必定會落在這位不幸的員工頭上，而長官從不會認為自己有錯。

不難理解，要想讓員工很順利地完成任務就要對其工作不斷督促、檢查。所以主管要主動走出辦公室，主動找員工了解情況，給予員工工作上所需的支持，並掌握工作的進度。

作為溝通中的「甲方」，每個長官還應該注意以下兩點：

> 極簡溝通：精準直達的關鍵

第一，溝通必須是平等的，職位高者不能總是一副居高臨下的態度；

第二，溝通的目的並不是一定要改變對方的觀點，而是觀點的相互交流。

在涉及跨部門協調工作時，常私下聽到有些公司同事抱怨某某部門的辦事效率多低，某某部門某某人辦事很固執，不靈活。在一個大型企業裡面，一個部門的人如果不主動的話，一般很難了解別的部門的工作安排是什麼，所以常會覺得自己的事情到別人那裡怎麼就卡住了呢？為什麼效率這麼差呢？

跨部門工作協調時，要主動告訴別人自己的職責和擔負的責任，讓別人充分理解你的工作，而尋求幫助的人，要不斷督促幫你辦事的人，由於各個部門都很忙，所以往往是「只會做你追得緊迫的事，而不會做你期望的事」。

抓住溝通的訣竅

眾所周知，良好的溝通至關重要。那麼處理好溝通簡單嗎？說難則難，因為人與人的關係本來就難以捉摸；說易則易，那就是抓住溝通的訣竅。

與他人說話時必須考慮對方的經驗和受教育程度。如果一個經理人和一個半文盲員工交談，他必須用對方熟悉的語言，否則結果可想而知。談話時試圖向對方解釋自己常用的專業用語並無益處，因為這些用語已超出了他們的認知能力。

接受者的認知取決於他的教育背景、過去的經歷以及他的情緒。如果溝通者沒有意識到這些問題的話，溝通將會是無效的。另外，模糊晦澀的語句意味著雜亂的思緒，所以，需要修正的不是語句，而是語句背後想要表達的看法。

有效的溝通取決於接受者如何去理解。例如經理告訴他的助手：「請盡快處理這件事，好嗎？」助手會根據老闆的語氣、表達方式和肢體語言來判斷，這究竟是命令還是請求。杜拉克說：「人無法只靠一句話來溝通，總得靠整個人來溝通。」

溝通不僅僅是說，而是說和聽。一個有效的聽者不僅能聽懂話語本身的意思，而且能領悟說話者的言外之意。只有

集中精力地傾聽，積極判斷思考，才能領會說話者的意圖，只有領會了說話者的意圖，才能選擇合適的語言說服他。從這個意義上講，「聽」的能力比「說」更重要。

渴望理解是人的一種本能，當講話者感到你對他的言論很感興趣時，他會非常高興與你進一步交流。所以，有經驗的聆聽者通常用自己的語言向說話者複述他所聽到的，好讓說話者確信，他已經聽到並理解了說話者所說的話。

所以，無論使用什麼樣的管道，溝通的第一個問題必須是：「這一訊息是否在傾聽者的接收範圍之內？他能否收得到？他如何理解？」下面是有效溝通的一些簡單建議。

── 以婉約的方式傳遞壞消息句型：
我們似乎碰到一些狀況。

你剛剛才得知，一件非常重要的案子出了問題。如果立刻衝到上司的辦公室裡報告這個壞消息，就算不關你的事，也會讓上司質疑你處理危機的能力，弄不好還招來一頓罵、把氣出在你頭上。此時，你應該以不帶情緒起伏的聲調，從容不迫地說出本句型，千萬別慌慌張張，也別使用「問題」或「麻煩」這一類的字眼，要讓上司覺得事情並非無法解決，讓你的話語聽起來像是你將與上司站在同一陣線，並肩作戰。

> 抓住溝通的訣竅

—— 上司傳喚時責無旁貸句型：我馬上處理。

冷靜、迅速地做出這樣的回答，會讓上司認為你是名有效率、聽話的好員工。相反，猶豫不決的態度只會讓上司不快。晚上如果失眠，還可能遷怒到你頭上呢！

—— 表現出團隊精神句型：麥克的主意真不錯！

麥克想出了一條連上司都讚賞的絕妙好計，你恨自己的腦筋動得沒有比人家快，與其拉長臉、暗自不爽，不如偷沾他的光。方法如下：趁著上司聽得到的時刻說出本句型。在這個人人都想爭著出頭的社會裡，一個不嫉妒同事的員工，會讓上司覺得此人本性純良、富有團隊精神，因而另眼看待。

—— 說服同事幫忙句型：這個報告沒有你不行啦！

有件棘手的工作，你無法獨立完成，非得找個人幫忙不行。於是你找上了那個對這方面工作最拿手的同事。怎麼開口才能讓人家心甘情願地助你一臂之力呢？說好話、灌迷湯，並保證他日必有回報，而那位好心人為了不負自己在這方面的名聲，通常會答應你的請求。

―― 巧妙閃避你不知道的事句型：
讓我再認真地想一想，三點以前回覆您好嗎？

上司問了你某個與業務有關的問題，而你不知該如何作答，千萬不可以說「不知道」。本句型不僅可暫時為你解危，也讓上司認為你在這件事情上很用心，為了考慮周全，一時間竟不知該如何回答。不過，事後可得做足功課，按時交出你的答案。

―― 智退性騷擾句型：
這種話好像不大適合在辦公室講喔！

如果有男同事的黃腔令你無法忍受，這句話保證讓他們閉嘴。男同事的黃腔，讓你很難判斷他們是無心還是有意，這句話可以令無心的人明白，適可而止。如果他還沒有閉嘴的意思，即構成了性騷擾，你可以向有關人士舉發。

―― 不著痕跡地減輕工作量句型：
我清楚這件事更重要，我們能不能先查一查手頭上的工作，按重要程度排出個優先順序？

首先，強調你明白這件任務的重要性，然後請求上司的指示，為新任務與原有工作排出優先順序，不著痕跡地讓上

司知道你的工作量其實很重,若新任務非你不可的話,有些事就得延後處理或轉交他人。

—— 恰如其分地討好句型:
　我很想知道您對某件案子的看法……

許多時候,你與高層要人共處一室,而你不得打開話題以避免冷場。不過,這也是一個讓你能夠贏得高層青睞的絕佳時機。但說些什麼內容好呢?每天的例行公事,絕不適合在這個時候講,談天氣的話,又不會讓高層對你留下印象。此時,最恰當的莫過於一個跟公司前景有關而又發人深省的話題。問一個大老闆關心又熟知的問題,在他滔滔不絕地訴說心得時,你不僅獲益良多,也會讓他對你的求知上進之心刮目相看。

—— 承認疏失但不引起上司不滿句型:
　是我一時失察,不過幸好……

犯錯在所難免,但是你陳述過失的方式,卻能影響上司對你的看法。勇於承認自己的疏失非常重要,因為推卸責任只會讓你看起來就像個討人厭、軟弱無能、不堪重用的人,訣竅在於別讓所有的矛頭都指向自己身上,在坦誠的同時淡化你的過失,轉移眾人的焦點。

極簡溝通：精準直達的關鍵

── 面對批評要表現冷靜句型：
謝謝你告訴我，我會仔細考慮你的建議！

自己辛苦完成的成果卻遭人修正或批評時，的確是一件令人苦惱的事。不需要將不滿的情緒寫在臉上，但是卻應該讓批評你工作成果的人知道，你已接收到他傳達的資訊。不卑不亢的表現令你看起來更有自信、更值得人敬重，讓人知道你並非一個剛愎自用或是經不起挫折的人。

良好的溝通其實也很簡單，只要真心付出，就會有相應的回報。整體而言，有效溝通並不複雜，只要記住幾個簡單原則就可以了：一是能用說的就不用寫的，採取最簡捷的方式；二是盡量用面談避免轉告，縮減中間轉述過程；三是要從對方立場考慮，使用大家都能聽懂的語言。

直截了當就是極簡的溝通方式，盡量省略一切中間的過程，以確保溝通的最佳效果。

不做無效的爭論

溝通前,管理人員要弄清楚做這個溝通的真正目的是什麼,要對方理解什麼。漫無目的的溝通就是沒有意義,是無效的溝通。確定了溝通目標,溝通的內容就針對溝通要達到的目標組織規劃,也可以根據不同的目的選擇不同的溝通方式。

溝通過程中不可避免地存在爭論。工作中存在很多諸如技術、方法上的爭論,這種爭論往往喋喋不休,永無休止。無休止的爭論不能形成結論,而且是吞噬時間的黑洞。終結這種爭論的最好辦法是改變爭論雙方的關係。

爭論過程中,雙方都認為自己和對方在所爭論問題上地位是對等的,關係是對稱的。從系統論的角度講,爭論雙方形成對稱系統,也是最不穩定的,而解決問題的方法在於把對稱關係轉變為互補關係。比如,某一方放棄自己的觀點或第三方介入。

專案經理在遇到這種爭議時一定要發揮自己的權威性,充分利用自己對專案的決策權。如果你是一個屬下,為了避免無休止的爭論,你可以先確定你的主管是否可以溝通。主管對於你的意見通常會有以下 5 種可能的回答:

(1) 完全同意:「我完全同意你的看法,也會全力地支持你。」
(2) 同意:「我並不是完全同意,但是我相信你的判斷。」
(3) 不置可否:「我不同意你的看法,原因是……不過很謝謝你的意見。」
(4) 不同意:「就照我的方法做。」
(5) 完全不同意:「我絕不允許有這樣的想法,也不想再聽到這樣的想法。」

如果你發現,在溝通過程中,主管的回答多半是前三種情況,就表示這個主管是可以溝通的,願意接受別人的想法。如果屬於最後兩者,就代表他是不容易溝通的人,總是聽不進別人的意見,衝動做出決策,不願意反省,只注重個人利益或權力。在這樣的主管面前,不論你提出什麼樣的想法或意見,都不會被虛心採納。

如果真的遇到這樣的主管,完全沒有溝通的可能時,這時候你就不必再浪費時間或精神做無謂的溝通或是嘗試改變。這時你必須做出選擇:你是否能夠接受這樣的工作環境,凡事只依照主管的意見做事?或是你比較喜歡有自己發揮的空間?這是選擇的問題,無關好壞。你可以有以下的做法:

—— 微笑點頭

你已經決定不會將所有的精力投入在這家公司,只當這是一份工作,做好分內的事情就可以。這份工作不是你生活中非常重要的部分,你寧願花更多時間在家庭或是自己的興趣上。

—— 尋求其他發聲管道

你仍然相信這家公司,也認為這裡有不錯的工作環境,只是遇到了不好的主管。所以你還希望再做一些努力,你需要去考慮:公司內是否有其他的管道可以讓你的想法或是建議被公司其他人或是更高層的主管聽到,如全體員工大會等。

—— 準備轉換跑道

你已經知道問題是無法解決的,或許是這家公司不願意解決,或是缺乏健全的制度與管道,這時你應該當機立斷,尋找新的環境。

極簡溝通：精準直達的關鍵

不要輕信心領神會

在美國哈伯德（Elbert Green Hubbard）的著名暢銷書《致加西亞的信》（*A Message to Garcia*）中有這麼一個故事：

一位經理坐在辦公室裡——有6名員工在等待安排工作，他將其中一位叫過來，吩咐道：「請幫我查一查百科全書，把克里吉奧的生平做成一篇摘要。」

這位員工靜靜回答：「好的，先生。」

然後立即去執行嗎？我敢肯定這位員工絕對不會去執行，他會用滿臉狐疑的神色盯著經理，提出一個或數個問題：

他是誰呀？

他去世了嗎？

哪套百科全書？

百科全書放在哪裡？

這是我的工作嗎？

為什麼不叫喬治去做呢？

急不急？

你為什麼要查他？

在這位經理回答了他所提出的問題，解釋了如何去查那些資料，以及為什麼要查之後，那個員工才可能走開，去吩

> 不要輕信心領神會

咐另外一個員工幫助他查克里吉奧的資料,然後回來告訴經理:根本就沒有這個人。

在《致加西亞的信》中,哈伯德極力貶低了上司與部屬的溝通,認為傑出的員工應該能心領神會,然而再簡單的問題也有理解錯誤之時,再有默契的配合也有溝通不良時,我們應該做的是溝通到位 —— 說話說到位。古語說:「問路時寧可多問一百遍,也不可走錯一遍。」交付工作亦是如此,寧可多說十遍,也不可辦錯一件。

著名管理學家克勞士比(Philip B. Crosby)時常提起這樣一個故事:

一次工程施工中,師傅正在專注地工作。這時他手頭需要一把扳手,於是叫身邊的小徒弟:「去,拿一把扳手來。」小徒弟飛奔而去。師傅等啊等,過了許久,小徒弟才氣喘吁吁地跑回來,拿回一把巨大的扳手說:「扳手拿來了,真是不好找!」

但師傅發現這並不是他需要的扳手。他生氣地說:「誰叫你拿這麼大的扳手呀?」小徒弟沒有說話,但是顯得很委屈。這時師傅才想到,自己叫徒弟拿扳手時,並沒有告訴徒弟自己需要多大的扳手,也沒有告訴徒弟到哪裡去找扳手。自己以為徒弟應該知道這些,其實徒弟並不知道。師傅明白了:發生問題的根源在自己,因為他並沒有明確告訴徒弟做這件事情的具體需求和途徑,太輕信了心領神會。

第二次，師傅明確地告訴徒弟，到某間倉庫的某個位置，拿一個多大尺碼的扳手。這回，沒過多久，小徒弟就拿著他想要的扳手回來了。

克勞士比講這個故事的目的在於告訴人們，要想把事情做對，就要清楚地告訴別人：該做什麼，何時去做。在我們給出做某事的標準之前，我們不可能讓別人領會到自己頭腦中的標準。

進行極簡溝通的技巧

(1) 能站著溝通，就不要坐著溝通。任何管理人員到工廠現場不准坐下來。
(2) 主動與上司溝通，主動爭取每一個溝通機會。
(3) 每月至少詢問一次你的主管：「我做得如何？」盡量提出具體的問題。
(4) 想讓員工順利地完成任務就要對其工作不斷督促、檢查。主管要主動走出辦公室，主動找員工了解情況，給予支持，並掌握進度。
(5) 與他人說話時必須依據對方的經驗和受教育程度，從對方立場考慮，使用大家都能聽懂的語言。
(6) 有經驗的聆聽者通常用自己的語言向說話者複述他所聽到的，好讓說話者確信，他已經聽到並理解了說話者所說的話。
(7) 能用說的就不用寫的，採取最簡捷的方式。
(8) 盡量用面談而避免轉告，縮減中間過程。
(9) 當完全沒有溝通的可能時，不要繼續浪費時間企圖改變。
(10) 溝通的目的是傳達資訊，而不是為了說服對方。

極簡溝通：精準直達的關鍵

報告簡化：用證據說話

報告簡化：用證據說話

　　人類不擅長處理大量的新資料和資訊，一般的人在短期內最多能記住幾條資料或資訊。因此，龐大的資訊量對於人們來說往往都是累贅。因此由於人類思維方式的限制，簡單的資訊量遠比複雜的資訊量更有利於人類的思考和決策。

　　實時的溝通，我們也自然而然地覺得必須隨時讓人找得到、即時回應接收到的每件事、必須立即完成每件事，從而導致所有人都因為這種不切實際的約束而工作過量、過度消耗自己。

　　電子郵件以及實時通訊技術是一種進步，同樣也是一種詛咒。因為它，你可以看到全世界；也因為它，你被雜亂、沒有焦點、不必要的訊息淹沒了。

　　「最容易閱讀、理解與回覆的信件，最能吸引我的注意。」太多的資訊反而會讓人變得沒有重點，如果又缺乏解釋，對於老闆一點幫助也沒有。

　　一頁報告的威力就在於，它比那些將重點分布於幾十頁的「紙堆」要簡明有效得多。事實上，任何建議或方案多於一頁對我們來說都是浪費，甚至會產生不良的後果。

　　要寫出言簡意賅的工作報告，你的報告就不能像作文比賽那樣，用大量無用的累贅辭藻，而是只用簡單恰當的詞語表達出準確的意思即可。

　　良性互動是相互理解與相互溝通的最好方式。在你來我往的資訊中，可以很快弄清對方的意圖，了解對方的關切，從而將報告引向正確的方向。

只有一頁的報告

一九九五年，一位留學生在中德合資的家電公司當副總經理，在此期間，他體會了極簡管理的妙處。

一次，在董事會召開前幾天，他就把明年的人力資源計畫交給了總經理。過了兩天，總經理的祕書叫他過去，祕書說：「我們德國人很懶。」

留學生問為什麼呢？祕書說德國人喜歡幾張紙的事情變成一張紙來說，一張紙的事情最好變成幾行字來說。

聽祕書這麼一說，留學生茅塞頓開。因為德國人的思維模式完全不同。能用一句話說清楚的，為什麼要用幾句話呢？理念不同，後面什麼都不同了。

寶僑公司也是個很好的例子。寶僑公司的制度具有人員精簡、結構簡單的特點，該制度與寶僑公司雷厲風行的行政風格相吻合。寶僑公司這一「深刻簡明的人事規則」制度的順利推動，使得他們的成員之間溝通順暢。

寶僑公司品牌部經理說：「寶僑公司有一則標語 ——『一頁報告』，這是我們多年管理經驗的結晶。事實上，任何建議或方案多於一頁對我們來說都是浪費，甚至會產生不良的後果。」

報告簡化：用證據說話

我們可以把這一風格追溯到寶僑公司的前總經理理查‧德普雷（Richard Deupree），他十分厭惡超過一頁的報告。他通常會在被他退回的冗長報告加上一句留言：「把它簡化成我所需要的東西！」如果該報告過於複雜，他還會加上一句：「我不能理解複雜的問題，我只理解簡單明瞭的！」一位記者曾經要他解釋這一點，他說：「我工作的一部分就是教會他人如何把一個複雜的問題簡化為簡單的問題。只有這樣，我們才可以更好地進行後續的工作。」

曾任該公司總裁的愛德華‧哈尼斯（Edward Harness）在談到這個傳統時說：「從眾多意見中篩選出有關事實的一頁報告，正是寶僑公司做出正確決策的基礎。」

大量員工之間無休止地討論，造成了解決問題過程中的政治化和複雜化，這些又進一步地增加了不穩定性的因素。因此，一頁報告解決了很大的問題。

首先，只有少量問題是最值得討論的，一頁的報告使問題明朗化。

其次，建議條目按順序展開，簡潔、易懂。總之，模糊凌亂的報告與簡潔高效無緣。

查爾斯‧伊姆斯（Charles Ames）是雷萊恩斯電器公司（Reliance Electric）的前總裁，現任阿克米－克里夫蘭公司總裁，他也提過一個類似的觀點：「我可以讓一位部門經理連夜

趕出一份長達 70 頁的意見稿,但我做不到讓他做好一份只有一頁長的稿子、一個圖表,只註明趨向和根據這些趨向所做出的預測,然後說『這幾個因素可能會使其表現得更好,也可能會使其變得更糟』。」

一位金融分析家曾評價寶僑公司說:「他們從事的是費力的腦力工作,把事情做得很透澈。」

另一位金融分析家補充說:「他們處理問題很精細,甚至追求完美。」

人們也許會懷疑,如果說報告只有一頁長,他們是如何使其處理得如此透澈、如此精湛的呢?答案是,他們不遺餘力地將所有精華濃縮到一頁。

一頁報告的威力就在於,它比那些將重點分布於幾十頁的紙堆要簡明有效得多。

報告簡化：用證據說話

詳略得當，內容精簡

作為公司的一名員工、上級的一名屬下，免不了都要向上級提交工作計畫，彙報工作進度，總結工作成績，但是有些員工雖然工作不怎麼樣，卻總能得到上司的誇獎，而有些人工作賣力、績效不錯，卻得不到上司的賞識。因此，不少人會感嘆如今竟找不到賞識他們這匹「千里馬」的「伯樂」。其實，問題並不是出在沒有「伯樂」，而在於他們自己不懂得報告的祕訣。

有很多人都有兩種迷思：有的人認為報告越長越能顯示工作賣力，越詳細越能得到老闆的讚賞；有的人則恰恰相反，認為報告越短越好，越簡單越能顯示出深厚的文字功夫。其實，只要我們換位思考一下，就能知道什麼樣的報告是恰到好處的。

你的上司是一位管理者，他除了要進行統籌安排，縱觀全面外，他還要參加各式各樣的商業活動和應酬，他的時間是多麼的寶貴啊，如果你的報告事無鉅細、冗長而難懂，你的上司怎麼會有心思繼續看下去呢？也只有無所事事、碌碌無為的平庸之輩才有時間聽員工誇誇其談。

有人曾誇張地說：「比爾蓋茲一秒鐘就能夠賺到好幾千美元，以致於他都沒有時間去撿掉到地上的錢！」這種說法

> 詳略得當，內容精簡

確實有些誇張，但也是很有道理的，在這個資訊高度發達的時代，時間就是機會，時間就是金錢，你上司的每一分每一秒都是彌足珍貴的，是不能輕易浪費的，沒有哪個明智的上司會聽你長篇大論。所以，報告內容切忌繁雜冗長且沒有重點。

同樣，過於簡單、沒有重點的報告可能會讓你的上司很難立刻理解你的工作情況，不免會詢問你，或者對你說的不以為然，不加重視，與其這樣讓上司留下做事馬虎、不周全的印象，還不如開始就將報告寫好，做到詳略得當，內容精簡，重點突出。

精簡的內容可以讓你的上司很快了解你的工作情況，對你一段時間以來的工作表現有一個大概的了解，而且精簡的報告也會留給你的上司一個幹練、俐落的好印象，從而使他從心裡接受你，耐心聽完或看完你的工作報告。

同時，報告的內容還要做到重點摘要，詳略得當。你的報告應該能夠將你的主要成績、主要計畫清晰地提出，只有這樣，你的工作才能得到合理的考核，你的計畫和主張才能被上司優先考慮，及時得到回饋。

可見，要讓「伯樂」發現你是一匹真正的「千里馬」，只有真本事，只會埋頭做事是遠遠不夠的，你還要會表現自己，而階段性的報告就是你表現自己的一個最直接的方式。

> 報告簡化：用證據說話

當然，如果你有機會天天和你的上司待在一起，最直接的方式就是你的平常表現了，所以，你應該重視提交給上司的每一份報告，讓它們成為你與上司交流的管道，成為上司了解你的最好方式。

言簡意賅的工作報告對於每一個員工都是非常重要的，那麼怎樣才能寫出言簡意賅的報告來呢？對於習慣了寫長篇大論的人確實很難。當你看完了下面的故事，你就會恍然大悟，並且你很快就可以從中總結出重要的經驗來。

有個主編對年輕的新聞記者說：「我們的報紙不刊登冗長的文章，您送來的稿件必須是情節緊湊、體裁短小、說出重點，文章因短小而見長的。」

市區剛發生了一起事件。這位記者去了警察局，見到了遇難者家屬，調查了遇難者生前的習慣並探究了該起事件的意義，然後認真地寫起新聞稿來，並試圖寫得言簡意賅。當主編讀完這篇稿子後，記者得到的卻是一頓訓斥：「什麼？這竟然是一篇新聞稿？簡直是一部小說！三十行，太長了！」

記者無奈地拿回去改寫，從三十行縮為十五行，又送到主編那裡，可是主編根本沒有讀完就說：「還是太長了！」記者再一次回去修改。

這次修改後確實相當簡短，僅僅由三句話構成：「佛里茲．莫斯巴黑爾拿著一根點著的火柴，並確定汽車油箱內還有汽油時，事件就發生了。告別式在星期四11點舉行。」

> 詳略得當，內容精簡

　　這位記者在經過幾次刪減後終於寫出了主編滿意的稿子，文章不僅短小，還包括了所有的內容，真可謂言簡意賅。看似無奈不得不做的刪減，實際上只是將一些用來潤飾文章的華麗辭藻刪除，保留重點。所以，要寫出言簡意賅的工作報告，你的報告就不能像作文比賽那樣，堆疊大量無用的**累贅辭藻**，而是只用簡單恰當的詞語表達出準確的意思即可。

> 報告簡化：用證據說話

最重要的是提出重點

凡事應追求極簡，排除繁複的泛論。人們在生活和實踐中，常常陷入迷思，妨礙了自由的思考，就是因為欠缺極簡。

在經營過程中，「奧坎剃刀」揭示的極簡原則已經成為不斷向上發展的企業成功祕訣，在企業界廣為流行。

多數人在向主管或是老闆報告時，總是擔心資訊不夠多，產生「萬一老闆問起來，答不出來該怎麼辦」的憂心。根據美國商業心理顧問公司的心理學家所進行的研究顯示，10％～15％的人在面對老闆時會有恐懼的心理，而且如果向老闆報告時手中的資料不夠多，感到恐懼的人數比例又會更多。

其實，這種憂心是多餘的。太多的資訊反而會讓人變得沒有重點，如果又缺乏解釋，對於老闆一點幫助也沒有。「內容精簡、切中要點，最重要的是能夠幫助我快速地做決策。」這是詹森訪問多位資深主管對於 PPT 內容的要求時，所得到的一致結論。

你要做的是利用重要的資訊或是資料提出解釋，一定要有自己的觀點，而不是模稜兩可的描述。如果你是老闆的話，你會做出什麼樣的決定：新產品上市的最佳時機是什麼

> 最重要的是提出重點

時候？應該跟隨競爭對手一起降價，還是要逆勢操作？

此外，向老闆報告時，要能精確地掌控時間，你要做好在報告過程中隨時被打斷的心理準備，老闆可能在此期間接了個電話，或是提出一些問題，必須花時間向老闆說明與討論。所以，如果你有30分鐘的時間，只要準備10分鐘的報告內容，不僅可以避免超出時間，而且可以替老闆省下更多時間，更能顯現出你的工作效率。

如果報告的主題是關於長期的規劃，要記住：過去以及未來的90天是最重要的。如果你要製作10頁的PPT，報告未來一年的年度規劃，未來90天的計畫應該占9頁的內容，需要詳細地說明，至於其餘的部分只要1頁就可以。

此外，如果你希望得到老闆的支持，必須清楚、直接、簡明扼要地表達出你的觀點。不要讓老闆覺得你只是想把責任推給他。舉例來說，如果你希望老闆支持你的提案，你應該列出已經完成的工作項目，而後提出未來30～60天需要老闆協助的事項，例如，他可能要參加哪些會議、參加會議的人員有哪些、他需要公開向所有員工宣布哪些事項等。

言簡意賅固然重要，但更應該看重重點事項。有個科學家曾做了這樣一個試驗，他讓一群人觀察一頭瞎了一隻眼睛的大象。他先把這群人分成兩組，每組10人，在第一組觀察前，他先將大象的眼睛用紅布矇住，然後當著第一組人的面將紅布解開，5分鐘後讓他們分別寫出他們所看見的大象特

報告簡化：用證據說話

徵。結果所有的人都發現了這頭大象是一隻獨眼象。

輪到第二組了，這回科學家在讓觀察者看之前並不幫大象進行任何遮擋，而是讓這組人直接觀察，同樣是 5 分鐘後，科學家看他們寫出的大象特徵時，發現只有兩人發現大象有一隻眼睛是瞎的。

難道是第一組人比第二組人聰明，更善於觀察嗎？答案並不是，只是他們間接地得到科學家的提醒罷了。科學家用紅布矇住大象的眼睛，首先是將所有人的目光引向了大象的眼睛，這使第一組人比第二組人有更多的注意力觀察大象的眼睛。接著，是人們的好奇心驅使，究竟是什麼原因要矇住大象的眼睛呢？這就使第一組人產生了看個究竟的想法，故而又比第二組人觀察得仔細了些。

所以，歸根結柢發揮作用的是那塊紅布，而不是第一組的人比第二組的人善於觀察。這塊紅布在這裡就是一個突出重點的作用。正是有了這塊紅布，人們的眼光才集中到了大象的眼睛處，如果你的工作報告能夠重點突出，那麼你的上司會很容易發現你想要傳達給他的資訊。

如果你的重點是工作計畫，那麼你的上司看後就應該能夠很快做出反應，使你們之間得到溝通，促進工作的良性快速發展；如果你的重點是工作總結，那麼你的上司看後就能夠很快明白你的工作成績，了解你的本事，肯定你的工作成

果,也使他能夠很快地了解你,對於你將來的工作、升遷都大有好處。

可口可樂公司是一家全球性的公司,幾乎世界各地都有它的分公司。起初,可口可樂公司的銷售計畫都是由最高董事會統一制訂的,沒有國家和地區的區別。後來,公司最高層實行了授權,將部分權力下放,由各國分公司根據本國的不同情況制定銷售計畫。

一段時間後,由於各國銷售額參差不齊,有的有所提升,而有的連連虧損,公司董事不得不考慮重新收回銷售計畫制定權。但是,光是坐在總部看看一些文件還不能說明問題,得親自到各國進行實地考察,授權究竟有無裨益。

公司董事考察的第一站是中國,在他們去中國之前,中國分公司的經理們就開始準備報告了,該怎麼寫這個報告呢?有一個人建議說:「公司銷售額明顯上升,我們應該說服總公司繼續實行授權,要說服他們就應該彙報與此相關的事,提出重點,言簡意賅。」公司經理採納了他的建議,彙報完後,總公司的代表非常滿意,當場決定繼續授權,後來,那個提建議的人被提升為中國分公司的副經理。可見,言簡意賅、重點鮮明的工作報告的重要性。

科技的進步、資訊業的快速發展使我們越來越感受到時間的寶貴,言簡意賅、重點突出的工作報告除了可以節省上

> 報告簡化：用證據說話

司的時間，還可以節省你自己的時間，使你有更多的時間投入本職工作中，而不是將大量的時間花在如何寫工作報告上。所以，要想工作輕鬆，付出與得到平衡，你還應該學會做工作報告，並且要做到重點突出。

注重與上司互動

眾所周知，良性互動是相互理解與溝通的最好方式，你來我往的資訊中相互間可以很快了解對方的意圖，了解對方的關切，從而將報告引向正確的方向。簡報時增加互動的機會，可縮短簡報的內容與報告的時間。

真正成功的簡報在於清楚而正確地傳達資訊，創造溝通與對話的機會，進而讓對方因為你的簡報內容而改變思維、決策或是行動。因此，重點不在於簡報，而是溝通的品質。你不只是報告，而是要引發雙向的對話，試圖影響對方。

如果你在報告時，不能與上司互動，心裡就難免會產生焦躁的情緒，進而失去熱情，這使你的報告就如同讀公告一樣，你的上司也會沒興趣聽下去，兩人的情緒相互影響，最終你的工作成績得不到肯定和認可，你的計畫無法獲得認同與通過，受委屈的還是你自己。

所以報告時一定要注重與上司的良性互動，從而縮短報告的內容，讓上司盡快明白你的意思，了解你的工作情況。

那麼，怎樣才能使雙方產生互動呢？千萬別寄望於你的上司，他沒有義務與你互動，一般情況下，也很難看到他們主動地與屬下互動。所以，一切得看你自己的，你必須要能夠引導你的上司與你互動，在互動中縮短你的報告內容。

> 報告簡化：用證據說話

在彙報時，要進行正確的引導。語言是交流的媒介，任何資訊都是透過語言傳達的，這裡的語言除了口頭語言外還有肢體語言，所以，你要充分利用好語言這個媒介，引導你的上司與你互動。

你的報告還要有條理，在每個問題說完後都要適當地停頓，並且抬頭看看你的上司，做出期待他給出評論的表情。如果你的上司發言了，那麼你要好好體會他的話，他的每一句話都是聽了你前面的報告有感而發的，要善於了解他話中之意，判斷是否應該將剛剛說的事再進一步詳述。

如果你沒有得到他的任何評論，能是他對你剛剛說的不感興趣，那麼你就可以立刻進入下一個議題，這樣就比較快地縮短了你的內容。

但是報告不能總是停頓，這樣會打亂你報告的節奏，而且，你的上司也可能會聽得不耐煩，這就需要你的報告中要有簡短且有深意的語句，可以吸引上司的注意，使他忍不住問你，他一旦問你就是給了你一個訊息，他比較感興趣，你應該接著說。這樣重點的內容就可以詳細地報告給你的上司了。

報告時，要善用肢體語言，無論是你傳達給上司的，還是從你的上司那裡觀察到的，都對你們之間的互動有推波助瀾的作用。你的富有意義的肢體語言會引起上司的好奇，會

> 注重與上司互動

馬上跟進你的報告問個究竟,這樣你就可以避繁就簡,詳細報告出你的上司比較感興趣的事情,而將那些他沒興趣也不重要的事情一句帶過,這樣既縮短了你的報告又突出了重點,可謂一石二鳥!

另外,你透過觀察上司的肢體語言或臉部表情,也能發現他對什麼內容比較關心,因而也能夠有利於縮短你的報告,從而以短小見長,以精悍取勝,讓你的上司留下好的印象。

所以,面對上司做工作報告時,要想辦法引起他的興趣和注意,使他能夠配合你的報告做出回應,讓你知道哪裡需要改進或還不夠詳細,這樣你所講的都是你的上司所關注的問題,不至於你說你的,他想他的,最後是他什麼也沒聽進去,自然對你就不會有什麼好印象了。因此,在報告時一定要重視與上司的互動,在互動中完備你的工作計畫,提高你的形象。

報告簡化：用證據說話

郵件越短，越容易閱讀

二十一世紀是網路的時代，網路提供了人類一個資訊交流的廣闊平臺。現在，網路已全面化，幾乎所有公司都實行網路化辦公。作為一名企業員工，接觸最多的就是電子郵件。

但是我們在享受著電子郵件的便捷時，也容易犯錯。

一是我們過分依賴電子郵件，希望所有的資訊都透過它來傳送，使得郵件繁瑣冗長。

二是我們對郵件形式的過分追求使得它重點不夠突出，甚至本末倒置。

因此我們首先應該明白電子郵件也是一種郵件，是資訊交流的一種載體，是我們用來彼此溝通交流的工具。

作為你與上司間交流資訊、彙報工作的電子郵件，它不同於你與親朋好友間互相問候的郵件。你寄給親朋好友的郵件可以不在乎篇幅長短、條理是否清晰等。但是，你與上司間的交流是純粹工作上的，應該做到短小精悍、重點突出，讓你的上司一看就明白，這才是你應該寄給上司的郵件。

如果你能夠抓住上司的心理寄發電子郵件，那麼你的電子郵件會帶給你幸運和無窮的機會。一封電子郵件要能夠引起上司的興趣、博得他的好感，就必須做到簡單明瞭，使你

> 郵件越短，越容易閱讀

的上司一眼就能看明白你的主要意思。

怎麼做到簡短呢？是不是越短越容易閱讀呢？簡短的前提是說清事情的真相，當然不能一味地求短，而使一封信完全沒有了內容。

首先，你寄給上司的電子郵件應該是你的工作計畫、工作彙報方面的事情，而不應該有其他的內容，無關緊要的內容都不應該出現在你給上司的工作彙報中。

其次，你的報告應該注意要清楚表達自己的意圖，將你認為最重要的事情或者你希望上司能馬上解決的事，以及你的上司可能會很關注的事情詳細地說清楚。你的上司已經從別人的報告上看過的事情，在你這裡再次看到，必定會產生反感的。

你寄給上司的電子郵件除了要掌握好長短主次外，還要注意措辭，要盡量避免用一些生澀詞語，也絕對不能用一些帶有輕蔑、表功的詞語，因為自誇的人是最讓人反感的。

你的上司每天接觸到的拍馬屁的人肯定不少，聽得多了也會產生疲勞、厭煩，務必要少用這類詞語，要牢記精簡短小、重點突出這一點，絕不能讓那些空洞的話占據了你的整個報告，那樣，你的上司會覺得你是一個沒有什麼才幹的人，因而你的工作成績不會得到肯定，你的計畫也會被忽視。

報告簡化：用證據說話

　　如果你的電子郵件短小精悍，讓人一看就能知道你寫的是什麼，既省時又省力，那麼你的上司就會認為你不僅是一個能做事的屬下，而且是一個幹練、辦事效率高的人，是一個可以重用的人，這對於你的事業前途無疑是很重要的。

　　你寄給上司的電子郵件是你與上司溝通的管道，暢通與否就要靠你自己了，只有做到抓住上司的口味，將報告寫得深入淺出、頭頭是道，才能使你的上司經常抽時間看你的郵件，否則，你的上司會關閉這條管道，那麼你就很難讓你的上司即時、準確地了解你了。你的電子郵件就是你的面子，電子郵件寫得不好會直接導致上司對你的反感，長久下來，你在公司就沒有發展的機會了。

　　一個邊遠省分的官員寫了一封洋洋灑灑的長信給他們的國王，以表仰慕之情。國王回了信，感謝他的深情厚誼。從那以後，每隔十多天，此人就寫信給國王，而且都是些無關緊要的問候之語。

　　國王的回信卻越來越短，終於有一天，國王再也忍不住，回了一封僅一行字的信：「閣下，我已經死了。」不料幾天後，回信又到，信封上寫著：「謹呈在九泉之下的、偉大的國王先生。」國王趕忙回信：「望眼欲穿，請您快來。」

　　這則故事聽來實在是令人發笑。其實，現實中也有很多這樣的例子，有的屬下不明白上司的心理，以為頻繁問候、

> 郵件越短,越容易閱讀

彙報會得到上司的肯定、欣賞,殊不知你的上司是越看越反感,越看越生氣,以致於要想盡一切辦法來逃避你。

郵件內容盡量精簡,既能節省寫信的時間,又可以增加對方回應的機會。

「最容易閱讀、理解與回覆的信件,最能吸引我的注意。」這是一位資深主管對於電子郵件使用習慣的回答。

你必須利用最小的空間、最少的文字,傳遞最多、最重要的資訊,而且你的郵件必須很容易閱讀,從而節省對方的時間。該怎麼做呢?一是把每一封電子郵件的內容限制在 8～12 句的範圍內;二是超過 20 個字就應換行;三是如果超過 3 行必須空行。

> 報告簡化：用證據說話

縮短製作 PPT 與報告的時間

　　Microsoft Office PowerPoint（PPT）的發明，讓我們有了更方便的溝通工具，但事實上也占據了大量工作時間。每個人平均每年製作 PPT 數目不斷地增加，製作 PPT 所要花費的時間更是有增無減。在研究調查中，最高的紀錄是，25 分鐘的會議總共有 108 頁的 PPT。有多少人能記得這 108 頁的內容？

　　一份好的 PPT，必須能產生影響力，改變對方的決定。在製作 PPT 時，我們時常忘了聽眾的存在。而真正成功的 PPT 在於清楚正確地傳達訊息，創造溝通與對話的機會，進而讓對方因為你的 PPT 內容而改變思維、決策或是行動。因此，重點不在於 PPT，而是基於 PPT 的溝通品質。你不只是「報告」，而是要引發雙向的對話，試圖影響對方。

　　在做 PPT 之前，你必須思考以下三點原則：

　　第一，你希望聽眾聽完 PPT 之後記得哪些重點？
　　第二，聽眾在聽你演講時會有什麼樣的感受？
　　第三，你希望他們聽完 PPT 之後有什麼樣的決定？

　　接下來就是實際的製作問題了。最好的開始方式，就是把聽眾想知道的重點轉換為問題，這樣不僅可以立即吸引聽

眾的注意力，更可以大幅減輕你的工作負擔。講解 PPT 的過程不應只有你一個人在說話，提出問題可以讓你和觀眾有互動的機會。這樣一來，50 分鐘的會議你只需要準備 30 分鐘的 PPT 內容，其餘的時間則是與聽眾互動的時間。

舉例來說，在解釋產品策略時，不要滔滔不絕地解釋策略的第一點、第二點、第三點，而是提出問題：我們的產品對你們有什麼好處？可以為你的部門帶來哪些改變？

每一份 PPT 都必須有一頁的內容摘要，不是要列出報告的重點，而是簡要敘述這份報告所要傳達的最重要資訊。此外，一頁放置一個重點，這樣才能讓聽者印象深刻，從而認真地思考你所說的內容。資訊過多只會讓聽眾感覺無聊，甚至記不得你說了些什麼，等於是一次失敗的演示。

報告簡化：用證據說話

不要小題大做

　　為什麼你的上司會對你事無鉅細的彙報反感呢？其實很簡單，在現在這種資訊爆炸的時代，時間實在是太寶貴了，你花幾十塊錢完成的一封郵件，你的上司要認真地讀完它恐怕要浪費好幾萬塊錢，這樣的相對值大家一眼都能了解，所以，從你上司的角度出發，你就能理解為什麼要將電子郵件盡量地寫短、突出重點了，這可以讓你的上司幾秒鐘就能理解你的意圖，明白你的工作情況。如果你不能做到簡短，而是小題大做，那麼就會產生負面後果。

　　有一次，德國詩人海涅（Heinrich Heine）收到一位友人的來信，拆開信封，裡面是厚厚的一捆白紙，一張一張包著緊緊的，他拆開一張又一張，總算看到最裡面的一張很小的信紙，上面鄭重其事地寫著一句話：「親愛的海涅，最近我身體很好，胃口大開，請君勿念。你的朋友露易。」

　　過了幾個月，這個叫露易的朋友收到了海涅寄來的一個很大很重的包裹。他不得不請人把它抬進屋裡，打開一看，竟是一塊大石頭，上附著一張卡片，寫著：「親愛的露易：得知你身體很好，我壓在心頭的石頭終於落地了。今天特地寄上，望留作紀念。」

不要小題大做

　　這肯定會成為露易一生中最難忘的一封信。他給海涅的信，有些小題大做，而海涅的回信卻也形象生動，以大石頭比喻對朋友的擔憂，以石頭落地表示收信後的放心和輕鬆。

　　海涅利用大石頭巧妙地提醒了露易，朋友之間的交往應該是簡單的。連朋友之間都要做到簡單明瞭，更何況你與上司呢？如果你不能設身處地地為上司著想，寄給你的上司一封又一封的郵件，讓他坐在電腦旁看一些摸不著頭緒的文字，那麼他肯定也會讓你在「板凳」上坐一輩子的。

報告簡化：用證據說話

有效地過濾你的郵件

　　電子郵件以及實時通訊技術是一種進步，同樣也是一種詛咒。因為它，你可以看到全世界；也因為它，你被雜亂、沒有焦點、不必要的訊息淹沒了。你應該做的是知道何時關閉你的虛擬溝通之門。有效過濾郵件，讓自己的注意力集中在最重要的資訊上。

　　賈德納市場研究公司（Gartner Research）認為，現代人無可避免地陷入了所謂的「無所不在的聯結」（pervasive connectivity）的處境中，所有人在任何時間都可以接觸到你。不僅僅是電子郵件，還有 LINE 等各類社交 APP。

　　這些科技讓我們可以隨時與人溝通，我們也自然而然地覺得必須隨時讓人找得到、及時回應接收到的每筆訊息、必須立即完成每件事，從而導致所有人都因為這種不切實際的約束而工作過量、過度消耗自己。

　　垃圾郵件的泛濫是使我們工作過度的原因之一，但更重要的是，我們不知道如何利用客觀的標準快速有效地過濾以及編輯大量的資訊，花費太多精力在不重要的信件上，真正需要你注意的卻被遺漏了。

　　正確的過濾流程，第一步是先看信件主旨和寄件人，如果沒有讓你今天非看不可的理由，就可以暫時排除。這樣至

> 有效地過濾你的郵件

少可以排除 50% 的郵件。

第二步開始迅速瀏覽其餘的每一封信件內容,除非信件內容是近期內(如兩星期內)你必須完成的工作,否則就可以暫時排除。這樣你又可以再排除 25% 的信件。

前兩個步驟所花費的時間不應超過 10 分鐘。現在你的信箱應該只剩下 25% 的信件,但是並不表示你必須閱讀剩下全部信件。你必須判斷這封信件:

(1) 是否與你現在的工作內容有關?
(2) 是否提到你必須完成哪些事?
(3) 是否說明應達成什麼樣的目標?
(4) 是否列出可使用的資源?

如果回答都是否定的,就直接排除或是回覆給寄件人,請求對方盡快回覆以上的問題。完成以上三個階段的步驟,你應該可以成功地排除 90% 的無用信件。

報告簡化：用證據說話

採用極簡報告的技巧

(1) 把幾張紙的事情變成一張紙來說，把一張紙的事情變成幾行字來說。

(2) 報告的內容切忌繁雜冗長且沒有重點。

(3) 先看信件主旨和寄件人，如果沒有讓你今天非看不可的理由，就可以暫時排除。

(4) 開始迅速瀏覽其餘的每一封信件內容，除非信件內容是近期內你必須完成的工作，否則就可以暫時排除。

(5) 一頁放置一個重點，這樣才能讓聽者印象深刻，從而認真地思考你所說的內容。

(6) 郵件內容盡量精簡，既能節省寫信的時間，又可以增加對方回應的機會。

(7) 內容精簡、切中要點，最重要的是能夠幫助上司快速地做決策。

(8) 做簡報時增加互動的機會，可縮短簡報的內容與報告的時間。

(9) 把聽眾想知道的重點轉換為問題。

(10) 在每個問題說完後都要注意適當地停頓，並且抬頭看看你的上司，做出期待他給出評論的表情。

極簡協作：整合資源，共創成效

複雜會導致誤解，簡潔會排除疑惑。從效率的角度來看，如果最早的『泰勒制』是『點效率時代』，到福特的汽車生產線是『線效率時代』，那麼今天，則進入了『系統效率時代』。效率不再取決於一個點或線，而是取決於系統的完善、協調和良性運轉。

一個人在接到工作任務後，如果總是瞻前顧後，受外界因素的干擾，是很難集中精力、提高效率的。不能排除他人干擾的人，最終是很難快速解決問題的。

要想成功完成任務，用極簡的方法解決問題，必須排除他人對你的干擾。只有這樣，你才能將問題簡單化，也才能用最直接的方法解決問題。

作為一名組織成員，你的職責不僅僅是將文件傳送出去，更重要的是督促你的中間過程處理者按你的要求及時完成自己的職責。

很多人的失敗，並不是因為做不好自己的工作，而是因為接手了並不屬於自己的事務。這裡只要掌握一原則就可以了，那就是學會委婉地表達拒絕。

有時，升遷並不是你刻意追求來的，可能正是因為你把目前的工作做得很好，就順理成章地升上了一個層級。

信任是簡化複雜的機制之一，誠信是極簡管理的基礎，也是靈魂，沒有誠信，事情就變得複雜了。

排除他人的干擾

有一個農場主人新僱了一個工人，上工第一天，他們二人開始建造圍籬。農場主人手裡拿的一根木柱突然掉落到泥坑裡，泥水濺汙了他們的衣服。農場主人雖然顯得很狼狽，但看起來似乎是故意這樣做的。

當時站在屋內洗碗的女主人看到了這個情形，覺得很好奇，就問丈夫這麼做的原因。

農場主人回答太太說：「我也不想這樣做，但是那個小夥子穿著新工作褲，只顧保持褲子的乾淨而沒有好好建造圍籬。你有沒有發現，泥水濺汙了他的工作褲後，我們的工作快了很多呢！」

一個人在接到工作任務後，如果總是瞻前顧後，受外界因素的干擾，是很難集中精力、提高效率的。只有致力於問題的解決，盡自己的全力去完成，而不要管別人怎麼說、怎麼做，才能快速有效地解決問題。不能排除他人干擾的人，最終是很難快速解決問題的，如果你還有疑慮，請看看下面的寓言故事。

一群青蛙進行比賽，比誰能最先到達一座高塔的頂端，周圍有一大群圍觀的青蛙在看熱鬧。

比賽開始了，只聽到圍觀者一片噓聲：「太難為牠們了，這些青蛙無法到達目的地。」

一部分青蛙開始洩氣了，但還有一些青蛙在奮力著向上爬去。

圍觀的青蛙繼續喊著：「太辛苦了！你們不可能到達塔頂的！」慢慢地，青蛙們陸續被說服，停下來了，只有一隻青蛙一如既往繼續向前，並且更加努力。比賽結束，其他青蛙都半途而廢，只有那隻青蛙憑藉堅韌的毅力一直堅持了下來，竭盡全力達到了終點。其他的青蛙都很好奇，想知道為什麼牠就能夠做到。

一隻青蛙問牠為什麼能堅持到達終點。這時，大家才發現——牠是一隻耳聾的青蛙。

如果這隻青蛙不是耳聾的話，它能否到達終點就另當別論了。從這個故事中，我們可以吸取這樣一個教訓，那就是：「要想成功完成任務，用極簡的方法解決問題，你就必須排除他人對你的干擾。只有這樣，你才能將問題極簡化，也才能用最直接的方法解決問題。」

曾有人去白宮拜訪美國第二十六任總統狄奧多・羅斯福（Theodore Roosevelt），羅斯福的小女兒艾麗絲在辦公室跳進跳出，不時打斷他們的談話。那人抱怨說：「總統先生，難道你連艾麗絲都管不住嗎？」羅斯福無可奈何地說：「我只能在兩件事中做好一件。要麼，當好總統；要麼，管好艾麗絲。

> 排除他人的干擾

既然我已經選擇了前者,對後者就無能為力了。」

要麼做好總統,要麼做好爸爸,衡量兩者,當然是做一個好總統重要。所以,羅斯福選擇集中他的精力來解決管理國家的事務,而不是管好自己的孩子。

在公司裡,你難免會遇到很多問題,會碰到各式各樣的干擾,如果你什麼都去理會,都去控制,那必然會分散你的精力,到最後雖然小事情解決了,重要的事情卻因精力不濟而耽誤了。

在實際工作中,不要讓任何事情干擾你的計畫,打亂你的步驟。當你面臨很多事情時,如果每件都非做不可,不妨將一些簡單的事情交給其他能夠勝任的人。

如果你懂得授權,就可以排除小事情的干擾,集中精力用最直接的方式解決面臨的問題了。不要擔心將這些事情交給別人會搶了你的功勞,其實他們是幫了你,節省了你的時間,而且他們還會認為是你給了他們鍛鍊和表現的機會,日後會給你回報和幫助。

除了授權,不要讓意料之外的電子郵件、電話和會議打亂你的工作計畫,這也是排除干擾的一種重要方法。為控制干擾,你可以這樣做:每隔幾個小時查看一次電子郵件;將電話轉為靜音,只回覆那些確有急事的電話;下班一小時前才將電話鈴聲調響。這樣做既可以保證你在正常工作時能夠

專心處理緊急事務,又能夠不用加班。

干擾工作的另一種情況是:你的上司分派給你額外的工作。「手邊的工作都已經做不完了,又丟給我一堆工作,實在是沒道理。」這時,你需要「管理」自己的上司,主動提醒老闆排定優先順序,可大幅減輕工作負擔。

老闆其實是需要被提醒的。如果你不說出來,老闆就會以為你有時間做這麼多的事情。況且,他可能早就不記得之前已經交代給你太多的工作。

你當然不可能同時完成這麼多的工作,為什麼不主動地幫助老闆排定工作的優先順序呢?你不是不做,但凡事有先後。需要注意的是,討論的過程中必須時時站在主管的立場思考問題,體諒他所面臨的壓力。你該做的是協助主管解決問題,而不是把問題推給主管。當然,更不應該自己承受問題。

督促每個中間過程

　　由於某些工作有很多中間過程,可能跨及多個部門或是職位,所以增加了協調的難度。假如你是這些工作的承辦人,當你把自己的工作做完後,你會怎麼辦?

　　在承辦某項工作時,大多數人只偏重於自己本身所應完成的職責,將工作傳送到相關工作部門與職位之後便不聞不問。之後,你會發現工作總是不能按時完成。在檢查工作結果時,所在的中間過程又各自抱怨留給他的時間太短了,或者是某個中間過程耽誤太多的時間等等。而工作結果只有一個,那就是你沒有如期完成工作,你的業績等於被打了折扣。

　　作為一名承辦人,你的職責不僅僅是將文件傳送出去,更重要的是督促你的中間過程處理者按你的要求及時完成其職責工作。你要掌握工作的完整性。在替每個部門、每個中間過程規定完成工作的時間期限時,要經常關注他們工作完成的品質與進度,以免其中的某個或是某些環節影響整體工作進度。

　　辦公室裡最怕有渾水摸魚的人,很多人因為同事渾水摸魚,不但工作加重,還被老闆錯怪。或是心裡敢怒不敢言,或是和同事們一起渾水摸魚。

這種情況特別容易發生在比較年輕的員工身上，因為他們不會找出變通的方法來處理這樣的情況，所以很容易受渾水摸魚的老同事所影響。

雖然每個人做事都有自己的範圍，但是你不能總是等著別人把事情做完再交給你。如果你身為屬下，卻不敢向上司催促，就表示你沒有責任感，最後工作沒有完成，老闆還是會責怪你。

其實人都有一種慣性，如果你一直提醒他，他就會把你的事情放在第一位；如果你不提醒他，他就會優先處理那個一直去煩他的人的事情。雖然催促會讓他覺得很煩，可是在不斷地提醒下，他就可以幫你如期完成。

當彼得還是一名員工時，他很少去抱怨渾水摸魚的同事，而是要求自己，該給別人的一定如期交付，別人該給他的，他一定會軟硬兼施，設法讓別人如期交出來。

避免同事拖延的最好方法是及早訂出自己的行事曆，每天早上一到公司，就要做追蹤的工作，可能得花一個小時打好幾個電話，在完成期限的幾天前，就要提醒別人「你的東西記得給我」。如此一來，就算是之前他忘記了，也還有好幾天可以補救，等期限一到，他就沒藉口拖延了。

而且，千萬不要等到最後期限才去提醒人，因為那時不但已經於事無補，還可能會激怒對方，何況對方匆忙做出來

督促每個中間過程

的東西，品質也不會好。

如果同事偶爾遲交一兩天，可以開玩笑地跟他說：下次你要再這樣，我就不管你了喔！如果對方誠心地道歉、補救，加上情況允許的話，自己幫忙把工作做完，對方也會很感激你，也不會覺得很委屈了。

但要是不提醒對方，對方可能就覺得進度拖延沒什麼關係，或者習慣請你幫他收拾殘局，你最後可能就落得天天加班。

同事之間的幫助應該是相互的，幫忙與否的分界，主要還是看對方的態度。假如偷懶的同事態度惡劣，覺得別人為他加班理所當然，那請不要遲疑，請帶他一起去找老闆談。

如果遇到以下這兩種情況，就應該直接請老闆來處理：第一種情況，對方態度非常差，或者已經有兩三次拖延的紀錄，你督促無效，就應該告訴老闆。第二種情況，就是對方已經拖延至完成期限，工作鐵定做不完，加班也無濟於事，只好交給主管來處理。

有些人遇到同事拖延工作時，會拒絕合作，達到反制同事的目的。可是，從事情的本質來看，老闆一定是希望交代的工作能如期完成，所以你要考慮一下：如果你拒絕合作，會不會對你的老闆造成損失。

建議最好不要採取這種消極的抵抗。因為你跟同事之間

關係鬧僵,你不做了,老闆第一個動作就是責怪負責的你,然後還要安撫你的情緒,沒有老闆喜歡花時間做這些事。而且,每個人都難免出錯,不要事事都向老闆告狀,要是你每次都跟老闆報告,那就祈禱你自己不要出任何差錯吧!

保持極簡的交往

辦公室的人際關係向來是最複雜的，一旦被這張關係網困住，縱使你本領高強，也施展不出來，最明智的辦法就是與每位同事只保持一種簡單的人際關係。

身體的疲憊，睡上一覺就能解決，如果想法太複雜了，想睡都睡不著。複雜的社會、複雜的生活、複雜的辦公室使人筋疲力盡，而複雜的思想會滋生種種煩惱、妄想。

對一些新進人員，他們會感到每個人都沒有獨立人格，也沒有熱情和高潮，但是有神祕的表情，潛在的戰爭，伴隨著恭維和潛藏的硝煙和一股看不見的殺傷力。

辦公室的不合作往往是以合作的假象進行的。相互扯後腿，相互猜疑，相互競爭，這就是辦公室的生態系。辦公室裡出產最大的精明和最嚴重的迂腐。有人像猴子似的爬得快，有人卻總是原地不動，慢慢老化。進入工作以後，沒人在乎你的真誠，沒人了解你的努力，辦公室裡的人在乎的是那些不能確定真假的話語。

辦公室裡有強大的壓力。在那裡，無論你怎麼做，都是不夠的。辦公室裡埋藏著一個安靜的圈套，它使你變得卑微、庸俗、疲憊不堪。辦公室智慧是一種實用理性，在這

裡，沒有瘋言瘋語，沒有胡言亂語，甚至連自言自語都要嚴格控制。辦公室裡的沉默充滿了殺機，辦公室裡的喧囂毫無意義，辦公室裡的表白充滿了虛偽。用最豐富的語言和煞有介事的態度來描述最沒有意義的事情，這便是辦公室裡的生態。

在辦公室裡，人人都是觀察者、窺探者和評價者。在這裡，氣度不斷萎縮，偏見茁壯成長。一個年輕人在辦公室待久了，就會像枯木上的蘑菇，遠看以為是一堆盛開的花朵，其實不過是一個菌種。季節轉換，人事更替，辦公室裡的風景一如往常，因為辦公室的忙碌和空閒都是制度化的。

在辦公室裡，你要忽略自身的存在，你要淡化自己的才華，你要學會無精打采，學會閉目養神，學會傳播無聊的八卦。直到你融入辦公室生活，成為其中的一個不可或缺的零件，你就能從複雜走向簡單。

一些資深的同事可能會認為同事的八卦、私生活趣事很無聊，聽到這些一定要守口如瓶，聽聽就算了，千萬不要搬弄是非，尤其是關於女同事的。

傑克應徵一家公司，他對自己充滿了信心，覺得自己只要好好做，就會有前途。但是上班的第一天，好幾個同事和他談心，對他提出了一系列要求，並且這些人都是認真的，而且是真心為他好。這些要求主要包括以下十幾個方面：

> 保持極簡的交往

① 在公司注意自己的第一印象；
② 穿著得體，要適合自己的工作性質和職位；
③ 言談舉止要得體，不要過於隨便；
④ 盡快了解公司文化，多注意觀察和學習；
⑤ 尊重同事，虛心求教，不斷學習加上埋頭苦幹；
⑥ 上下班要守時，不要輕易為私事請假；
⑦ 主動做一些諸如清潔、掃地、整理內務的工作，這是每個新進人員都應做的事情；
⑧ 工作要緊湊有序，剛開始工作量不大，也不能坐在那裡發呆，要設法使自己忙碌起來；
⑨ 跳出部門框架去看問題，從公司老闆的角度去考慮那些真正與公司整體業務相關的東西，設想若你是公司的老闆，你會怎麼做；
⑩ 協助其他同事做些簡單的工作，如列印文件，填寫簡單表格等，既留給人勤快的印象，又易於融入同事圈中，得到大家的幫助提攜；
⑪ 努力做好交辦的每一件事，只有做好每一件事，才能取得長官、同事的好感與信任；
⑫ 不要捲入是非漩渦，最好保持沉默，既不參與議論，更不要散布傳言；
⑬ 了解公司的組織方針，以及公司的工作方法；

⑭ 在預定時間內完成工作,絕不可藉故拖延,盡量能提前完成;
⑮ 在上司所指示的事務中,有些事情不需要立刻完成,這時應該從重要的事情著手,但是要先將應做的事一一記錄下來,以免遺忘;
⑯ 未充分了解上司所交代的事情前,一定要問清楚後再進行,絕不可自作主張。傑克自己明白,只有自己掌握了公司的這些潛規則,才能化複雜為簡單,他真希望簡簡單單地做好自己的工作,輕輕鬆鬆地生活。

委婉地表達拒絕

在工作中，你難免被一些瑣碎的、不必要的工作所糾纏，這些不必要的工作或是由自己方法不當所造成的一再重複，或是由同事的要求所增加的，它替你造成了不必要的麻煩，分散了工作精力，所以一定要避免這種情況出現。

不要接手任何別人想給你的問題或責任，如果你接受了所有找上門的問題，你的生活會變成一場噩夢。許多人花費幾天、幾個月甚至幾年的時間處理輕易答應別人的事，而那些事並不是他們分內的事。

很多人的失敗，並不是因為做不好自己的工作，而是因為接手了並不屬於自己的事務，結果分散了精力，影響了自己的本職工作。這裡只要掌握一個原則就可以了，那就是學會委婉地表達拒絕。

避免承擔其他人的責任是《誰背上了猴子？》這本書的主張，寫的是有關經理花費了所有的時間，企圖處理猴子的恐怖故事，就是因為經理准許猴子從主人的背上跳到他們背上。他們還對屬下每天早上到他的辦公室詢問問題處理得如何感到驚訝。這正是可笑的相反狀況，不是屬下被賦予任務，而是屬下委派任務給經理。

> 極簡協作：整合資源，共創成效

一位企業總經理在讀過《誰背上了猴子？》之後，將這本書與公司裡的幾位高級主管分享，猴子這個觀念已成了他們企業文化的一部分。有時，員工會跟同事說：「有一隻猴子在我背上，我快要受不了了，你可以幫幫忙嗎？」他們用猴子開玩笑，但都明白說話者是承擔了本不屬於自己的職責。

時間學專家金·里斯曼（Kim Reisman）曾詢問了一個電信公司的總經理。他的問題是：為什麼事情總是做不完？每當有危機發生時，即使是微不足道的危機，他的員工都找上他，期望他解決所有的問題。當金·里斯曼提起「猴子」故事，他明白了。他發現他們的系統變得非常可笑，他實際上在為那些應該為他做事的人做事，於是他採取措施讓員工解決自己的問題。幾週後，時間學專家金·里斯曼再見到他時，他變得神采奕奕，工作已經在他的掌握之中了。

如果猴子正騎在你的背上，時間管理專家建議：記住世上到處都是猴子，挑個你最關心的即可。讓別人照顧他們自己的猴子，如果他們自己都不打算處理，你就更沒理由幫他們處理。偶爾伸出援手沒問題，只要你確定幫忙結束後他們會自己照顧猴子。如果你是經理，就把猴子指派給機構裡能幹的人負責。一個經理的成功與否，應該以他可以讓屬下做什麼事情來衡量。

此外，對於天外飛來的額外工作，要勇敢說不，應該表明底線，妥善評估。

委婉地表達拒絕

身處職場，同事有可能私底下請你幫忙，經常遇到這樣的問題：一位同事突然開口，讓你幫他做一份難度很高的工作。答應下來吧，可能要連續加幾個晚上的班才能完成，而且這也不符合公司的規定；拒絕吧，又實在說不過去，畢竟是多年的同事，很難拒絕。

你不好意思說不，擔心拒絕會影響人際關係，或以為這樣可以鞏固同事情誼，一次兩次以後，對方就有可能存心占你便宜。私底下幫忙，只能偶爾為之，而且要讓對方清楚知道你基於私下情誼，該拒絕時，還是要明白說不，當對方知道你的分寸底線何在，自然就不會再三試探。

有人會直接對同事說：「不要，就是不要！」這並非最佳的選擇，可能會讓你和同事以後連朋友都沒得做。推託說：「我能力不夠，其實小 A 更適合。」那你有沒有想過當同事把你的這番說詞說給小 A 聽時，他會作何反應？有人會不好意思地說：「我真的忙不過來。」理由不錯，可是只能用一次，第二次再用時，你面對的一定是同事不滿的眼光。

這些好像都不是最佳的拒絕理由，那我們到底應該怎麼婉轉地拒絕同事的不合理請求呢？

當你的同事向你提出要求時，他們通常也會有某些困擾或擔憂，擔心你會不會馬上拒絕，會不會給他臉色看。因此，在你決定拒絕之前，首先要注意傾聽他的訴說，比較好的辦法是，請對方把處境與需求講得更清楚一些，這樣才知

道如何幫他。接著向他表示你了解他的難處，若是你碰到這種情況，也一定會這麼做。

傾聽能讓對方有被尊重的感覺，在你婉轉地表明自己拒絕的立場時，也比較能避免傷害他的感情或讓人覺得你在應付。如果你的拒絕是因為工作負荷過重，傾聽可以讓你清楚地界定對方的要求是不是你分內的工作，而且是否包含在自己目前重點工作範圍內。或許你仔細聽了他的意見後，會發現協助他有助於提升自己的工作能力與經驗。這時候，在兼顧目前工作的原則下，犧牲一點自己的休閒時間來協助對方，對自己的職業生涯絕對是有幫助的。

傾聽的另一個好處是，你雖然拒絕了他，卻可以針對他的情況，給出適當的建議。若是能提出有效的建議或替代方案，對方同樣會感激你。甚至在你的建議下找到更好的幫助，反而事半功倍。

當你仔細傾聽了同事的要求，並認為自己應該拒絕時，說「不」的態度必須是溫和而堅定的。委婉表達拒絕，也比直接說「不」讓人容易接受。

要婉言，不要嚴拒，因為溫和的回應總是比情緒化的過度反應要好。情緒是具有渲染性的，「不」這個詞通常會引發他人強烈的負面感受，所以，當你必須拒絕他人時，就不要再以不友善的言行在情緒上火上澆油。

> 委婉地表達拒絕

　　例如，當對方的要求不符合公司或部門規定時，你就要委婉地表達自己的工作權限，並暗示他，如果自己幫了這個忙，就超出了自己的工作範圍，違反了公司的有關規定。在自己工作已經排滿而愛莫能助的前提下，要讓他清楚自己工作的先後順序，並暗示如果幫他這個忙，會耽誤自己正在進行的工作，會對公司與自己產生較大的衝擊。

　　一般來說，同事聽你這麼說，一定會知難而退，再想其他辦法，而不會對你產生誤解。

　　在拒絕對方之時，從對方的利益考慮，往往更容易說服對方。對同事說你之所以拒絕，並非是因為不肯幫忙，而是為了對方的利益著想。譬如說，人家要求你在一個不合理的期限內完成工作，與其哀號說你如何不可能辦到，不如說服對方，倉促行事對他而言並不好。例如，「你交代的工作我不會這樣馬馬虎虎、交差了事，但你給的時間這麼倉促，確實無法做出符合你期望的水準。」這樣的話，同事不僅不會懷疑你的意圖，還會感激你為他利益著想。

　　拒絕時除了可以提出替代建議，隔一段時間還要主動關心對方情況。拒絕是一個漫長的過程，對方會不定時提出同樣的要求。若能化被動為主動地關懷對方，並讓對方了解自己的苦衷與立場，可以減少拒絕的尷尬與影響。對於業務人員，如保險從業人員，當他們無法滿足顧客的需求時，這種

主動的技巧更是重要。

拒絕的過程中,除了技巧,更需要出自內心的耐性與關懷。若只是敷衍了事,對方其實都能體會到。這樣的話,有時更讓人覺得你不夠誠懇,對人際關係傷害更大。

以上是比較簡單的拒絕方式,合理運用,就會得到你想要的結果。總之,只要你是真心地說「不」,對方一定會體諒你的苦衷。

對於許多人來說,拒絕別人的要求似乎是一件困難的事情。在職場中能夠巧妙地拒絕是非常重要的交際能力。我們應該學會懂得拒絕別人,不讓額外的任務擾亂自己的工作進度。

在決定你該不該答應對方的要求時,應該先問問自己:「我想要做什麼?或是不想要做什麼?什麼對我才是最好的?」你必須考慮,如果答應了對方的要求是否會影響既有的工作進度,而且可能因為你的拖延而影響到其他人?而如果你答應了,是否真的可以達到對方要求的目標?

記住,你不是超人,無法解決所有的問題。做好你職責範圍內的重要工作就可以了,不要忙著向其他部門提建議,提策劃。如果手上有太多額外的事情,你自己的本職工作往往無法順利地完成。

把工作當成娛樂

　　生命意味著享受生活的樂趣。快樂地工作，快樂地生活，你將會發現這樣的人生更有意義！這也是保持簡單心態的重要途徑，因為快樂工作是最主要的簡單心態之一。

　　你快樂嗎？相信很多人都無法給出乾脆而肯定的答案。也許有的人會這樣認為：「如果我有很多錢，我一定會很快樂。」其實快樂並非建立在金錢與名利基礎上。即使你有了地位、名譽和財富，也不一定能擁有快樂。

　　擁有健康的身體是一種快樂，擁有一份穩定工作是一種快樂，遊山玩水也是一種快樂。快樂是一種感覺，是相對而言的。

　　保持一顆簡單的心，說起來不難。但是，很多人因為欲求不滿，而無法快樂地工作。

　　曾經，有一家著名的人力資源網站在全球展開一次「工作幸福指數調查」。結果顯示：超過60%的人認為自己所在機關的管理制度與流程不合理；超過50%的人對薪水不滿意；超過50%的人對直屬長官不滿；接近50%的人對自身的發展前途缺乏信心；接近40%的人不喜歡自己的工作；40.4%的人對工作環境和工作關係不滿意；

　　33.6%的人認為工作量大、不合理；

26.3%的人工作與生活常常發生衝突；

19.6%的人覺得自己的工作職責不明確；

16.4%的人與同事的關係不融洽；

11.6%的人工作得不到家人和朋友的支持；

11.5%的人感覺對工作力不從心。

調查結果出來之前，沒有人會知道我們的工作竟然會帶來如此之多的不快樂。那麼，有多少是外部因素？又有多少是內部因素呢？如今，大多數人的前途決定於事業的成敗，我們該如何應對工作中的不快樂呢？對很多人來說，解決了這個問題，也就是解決了人生的基本問題。

在現代這種競爭日益激烈的社會中，在工作上，必須要學會快樂工作，樂在其中，不要讓工作成為一種累贅、負擔，這樣工作起來不但不快樂，工作效率也不高。

擁有一顆簡單的心，常常會使人更容易產生快樂，但是工作中的不快樂又是難免的，所以我們要學會克服它。要想快樂地工作，以下三方面有決定性的作用。

首先，長官與員工之間的關係。

長官與員工之間應該建立溝通的管道，作為員工，應該具備敬業和樂業精神，要有與企業並肩作戰的決心，不要太計較個人得失。必要時，個人利益應該服從集體利益。而作為長官，也應該多與員工溝通，不管是工作上還是生活上，

> 把工作當成娛樂

都應該加強交流,對屬下多一些關心,這些可能比物質獎勵更能令人感動。對一些工作上的事,不能只看結果,好的結果固然讓人欣喜,有時即使結果不讓人十分滿意,也不要否認過程中的付出。

其次,員工與員工之間的關係。

員工與員工同在一個職場工作,更應該和睦相處,團結一致。每一項工作,不是一個人就能完成的,而是需要群策群力、集思廣益,這樣才能順利地完成工作。雖說有利益上的衝突,但大家既然都坐在同一條船上,當然都希望這條船一帆風順地駛向前方,而不願途中出現風浪或危險。

只有大家共同創造一個好的工作氛圍和工作環境,工作起來心情才會舒暢、才會快樂,工作效率當然也是事半功倍!所以每個人都不要帶著負面情緒工作,這樣不但自己不快樂,與之相處的工作夥伴也不快樂,對工作肯定是有弊無利的。

最後,薪水和需要能否得到滿足。

一個企業無法滿足所有人的要求。我們所要學會的是,在職位上如何有效地克服工作中的不快。

傑克畢業七年了。七年來,他每天都做著相同的事,在辦公室發呆。他總覺得看不到未來,更別說什麼快樂工作了。他認為,自己的工作好像坐牢,區別只是有的人把自己

坐成了「典獄長」，有的人則一直是囚犯，他就是後者。

其實傑克不是沒事可做，他是資料人員，但他完全不喜歡這份工作。他也想過要更換工作，也曾努力過，但他試了幾次就沒信心了。他做官沒能力、經商沒條件、辭職沒勇氣。

任何一項工作都有價值，所以不要輕看每一份工作，要用傳統的勤奮精神取代不快樂的情緒，最終才能成為幸福而快樂的人。在我們離開自己的職位之前，要盡力擺脫工作倦怠狀態。

首先樹立「工作且快樂」這一理念。一項工作做久了，看起來駕輕就熟，實際上會有一種例行性重複的感覺。其實，關鍵是要調整好自己的想法，不斷地變換一些花樣，讓你的工作不再枯燥單調。

有時，升遷並不是你刻意追求來的，可能正是因為你把目前的工作做得很好，就順理成章地上了一個層級。如果你總是抱怨的話，你會浪費許多時間，因為人總是不滿足的。到老了時你還在抱怨，這是悲哀的，因為都沒有感受到快樂。

其實每個人都追求快樂、舒適以及財富，但最重要的是要腳踏實地，無論你現在處於什麼年齡，從事什麼工作，都應該學會快樂地滿足現有的一切。你現在擁有的，在你自己

> 把工作當成娛樂

眼裡或許不算什麼,但你應該換一個角度想問題,比如,從比你目前狀況差的人的角度去看,你會發現,或許他們還不如你擁有得多,而且他們可能還很羨慕你。

要保持快樂情緒去工作,需要保持良好的心態。良好心態是獲取成功的不二法寶。當出現工作煩惱時,你必須冷靜地問自己:這是不是你自己的選擇?如果實在承受不了,那就把位置讓出來吧。願意放棄嗎?如果答案是否定的,那就別再抱怨,繼續堅持下去。

做任何事情,都不要顧慮太多,全力以赴就夠了,太在乎結果會適得其反。從小事情著手,去培養這樣的心態:積極進取,但並非必須成功不可。條條大路通羅馬。痛苦是有價值的,催促你採取措施解決問題,而不是讓你沉溺其中,萎靡不振。

極簡協作：整合資源，共創成效

誠信是極簡管理的靈魂

德國社會學家盧曼（Niklas Luhmann）說：「信任是簡化複雜的機制之一。」人們沒有相互之間的信任，社會本身將瓦解。幾乎沒有一種關係不是建立在對他人的確切了解之上的。現在，人們之所以相信品牌，相信廣告，就是因為現代生活是建立在誠實信任的基礎上的。

法蘭西斯‧福山（Francis Fukuyama）教授的《信任：社會美德與創造經濟繁榮》一書中認為：「信任是從一個規矩、誠實、合作的行為組成的社會中產生的一種期待。」在一個時代，當社會資源與物質資源同等重要時，只有那些擁有高度信任的社會才能建構一個穩定、規模巨大的商業組織，以應對全球經濟的競爭。

某家集團的總經理認為，今天我們之所以把很多事情看得很玄妙，就是因為我們沒有堅守誠信。誠信是極簡管理的基礎，也是靈魂，沒有誠信，事情就變得複雜了。比如，在企業中，為什麼有些人會推卸責任？

首先是不講誠信，沒有意識到自己的定位及承諾有多麼重要。他和企業簽了合約，就是約定和承諾的開始，他擔任一個職位，就是和企業約定把職位的工作做好，就要履行職位職責，否則企業請他來的意義是什麼？

> 誠信是極簡管理的靈魂

如果每個人都依要求履行了自己在職位上的承諾，管理就簡單了。你沒有做到，就是不守承諾，違背了職業道德。其實職業的核心，也是誠信。

世界之所以複雜，就是因為不是所有人都守誠信，只要我們按客觀規律辦事，實事求是，事情就不會那麼複雜。

一家集團的核心價值觀 —— 3A‧HOT 中的 HOT 就是有品質的熱忱。熱忱的基礎是什麼？上癮的人也有熱忱，但那是破壞性的熱忱，有品質的熱忱必須以誠信為基礎。了解企業在社會中的定位，了解企業的核心訴求，了解你在企業中的定位，了解你的責任和承諾，這太重要了。

一個沒有誠信的組織和體制，組織之間、部門之間和人員之間的相互溝通和合作必然非常困難，交易費用和資訊交流成本必然很高。沒有誠信就不可能有市場經濟，沒有誠信就不可能創造社會財富，當然也不可能有社會財富的累積。同時，從長期看，沒有誠信也不可能使個人持續擁有財富和累積。

極簡協作：整合資源，共創成效

給屬下足夠的空間

某家公司很少管理監督員工，因為他覺得不去管理監督並不等於沒有管理監督，每個員工都有自己明確的目標，管理者只是創造了一個競爭的氛圍，對於員工工作的過程，則給予足夠的空間和自由。

管理者相信，如果員工要完成自己的目標，勢必要充分了解自己的主動性和創造性後才能完成。雖不干涉員工工作的過程，但設定了一個里程碑，到了考核時，管理層在里程碑為員工評分。

談到這家公司的用人，就不得不了解他們對員工的分類。在這家公司，一般把員工分成兩類，一類是銷售人員，由於常年在外，被看成為「外勤人員」，其他的員工被稱為公司的「內勤員工」。

最初，主管培訓銷售人員時，只說兩句話：

1. 銷售人員不要說一句假話；

2. 銷售人員不要說別人的一句壞話。

除了這兩句，其他的隨銷售人員發揮，想說什麼就說什麼，愛說什麼就說什麼。該用什麼方式與客戶溝通都自由發揮。

> 給屬下足夠的空間

管理層認為,人力資源管理是公司內部最重要的部門。當他看完《商道》林尚沃的故事後,由衷地發出感慨:「讓公司所有的員工按照自己的意願去做事情,這是非常關鍵的,千萬不要干擾他,別覺得自己是一個長官,就總是干擾他。大方向制定了,讓他們按照自己的意願去做事情。有些行政命令為什麼沒做好呢?就是不了解企業的意願,沒依個人的意願去做事情,所以就常出問題,我想這可能是一個原因。」

時下,不少企業在進行總結和報告時,總是「一、二、三……」,或者就是「首先、其次、再來……」,特別是那些主管部門,讓你光看內容都替那些主管感到辛苦。沒錯,一年下來,主管們要做的工作實在太多,壓力也實在太大。但筆者總認為他們其實不必這麼辛苦的,而且少管那些「芝麻小事」,或許會有更好的成效。極簡是管理的最理想境界,極簡中方顯藝術。

對於那些精力旺盛的主管來說,一個人最多也只能管理、管好7個人,他們應該是企業文化的宣傳倡導者,而非具體執行者。但目前我們所見到的完全不是那麼一回事,往往是什麼事都是企業上層說了算,哪怕是再緊急再重要的事,上層不在場,也只能一拖再拖。

作為一個稱職的主管,能夠在整體上綜觀全面,騰出精

神做一些決策性、規劃性的工作,才是一位合格的主管,而那些具體的工作應交由他的屬下們去執行,給他們充分的空間和自由,實現充分授權。只有這樣,才能確保企業聘用到符合職位標準的員工,又能讓員工感到有足夠的發揮空間,在企業中實現自身價值。

進行極簡合作的技巧

(1) 如果可以的話，你應該把工作進行分攤或是委派以減小工作強度。千萬不要陷到這樣一個可怕的泥淖當中：認為你是唯一能夠做好這項工作的人。

(2) 在實際工作中，不要讓任何事情干擾你的計畫，打亂你的步驟。

(3) 不要讓意料之外的電子郵件、電話和會議打亂你的工作計畫。

(4) 每隔幾個小時查看一次電子郵件。

(5) 將電話轉為靜音，只回覆那些確有急事的電話。

(6) 身為屬下，如果上司沒有進行工作分配，你要學會向上司催促。

(7) 如果你的工作需要他人配合，請不斷地催促，在不斷地提醒下，他就可以幫你如期完成。

(8) 避免同事拖延的最好方法是及早訂出自己的行事曆，每天早上一到公司，就要做追蹤的工作。

(9) 在完成期限的幾天前，就要提醒別人「你的東西記得給我」。

(10) 在我們還在職位上，要盡力擺脫工作的倦怠狀態。

極簡協作：整合資源，共創成效

執行為本:從計畫到成果

管理是一種執行，執行就要求系統、均衡、一致，但做到這一點非常不容易。執行本來就很複雜，執行到位更不容易，會有各種壓力、變數等意外。

一個企業能否長久進行極簡管理，關鍵的一點就是要有一種執行的文化，文化有多深，極簡管理就能走多遠。

極簡管理解決的是「知行合一」的問題，是一種執行文化，解決的是企業普遍存在的「理念與行為天差地遠」的矛盾。

極簡管理的精髓是效率，效率以結果為導向。

作為一個管理者，建立正確的、明確的價值標準，並透過獎懲手段，具體實施、明白無誤地表現出來，是管理中的頭等大事。

管理的精髓確實就是這樣一條最簡單明白，不過也是往往被人遺忘的道理：你想要什麼，就該獎勵什麼。

IBM總裁郭士納說過：「如果你強調什麼，你就檢查什麼，你不檢查就等於不重視。」

極簡管理的本質是文化管理

　　誠信是極簡管理之魂，責任是極簡管理之本，而誠信與責任感都具有典型的文化特質，因此，極簡管理在本質上是文化管理。一家企業，只有用文化的手段，在心靈上達到高度認同，才能成功。當文化上升到員工的自覺行為，管理就變得非常簡單了。

　　如果一個企業只設績效、監督考核等責任體系，缺少自己的企業文化，就會出現員工被動、機械地遵守規則的情況，並最終走向消極抵抗和思想靜默的局面。極簡管理也只能是紙上談兵。

　　一九九九年，有一位管理方面的專家到一家中日合資的精密鑄造公司擔任總經理，他進入公司時虧損五、六百萬元，三年後他離開公司時，賺得了 1,800 萬元的利潤。

　　為什麼會產生這種變化呢？主要是因為這個公司和集團的價值鏈、生產鏈、銷售鏈關聯不大，無意之中給了他一個相對獨立的做事空間，在這裡他開始嘗試極簡管理。

　　當時公司的人來自四面八方，他們的心態不一樣也很容易產生衝突，總經理就提出「一視同仁」的概念，在員工中達到一個平衡主導的作用，把各種力量聚集起來，只要你把事

情做好，你就有升遷的機會，你就有加薪的可能，你就有一個發展的空間，這就把地位、優越感全部打破了。

當精密鑄造公司效益提升，一些員工就開始想「公司該替我加薪了」、「我該升遷了」。總經理看到這個趨勢，就對全體員工講了兩句話。一句是「做好是應該的」，因為公司與每位員工是一種僱用關係。現在公司賺到錢了，就要考慮更高的投資。當然，賺到錢分享給員工也是應該的，但員工還是要做好本職工作。第二句是「做不好是要負責任的」。透過這兩句話，公司把大家的心態安撫下來了。

對於一個盈利企業來說，不是公司賺錢時員工想法就一致，有時賺錢時可能員工想法是最不一致。這時，企業就要找到一個平衡點，用一種簡單的方式協調，這種方式就是建立文化機制。精密鑄造公司的總經理把它稱為「文化管理」，即主管要用一種概念，對大家有一種啟發，一種規範，一種引導，這也是極簡管理的方式之一。

極簡管理需要厚實的文化底蘊作為支撐，從極簡管理的背景來看，很多企業還缺乏真正的企業文化系統，更不用說與極簡管理相襯的文化系統了。建立企業文化就是鍛造企業的靈魂，改變員工的想法，並一代代傳承下去，不是一年兩年就可以完成的。舊有的慣性思維與行為將是簡單思維最大的障礙。文化有多深，極簡管理就能走多遠。

> 極簡管理的本質是文化管理

　　對於很多企業來說，因企業領導人的更迭而發生管理理念斷層現象，這情形屢見不鮮。很多企業在時任主管離去之後，舊有的陳規陋習便重新出現，「極簡管理」的思想成為瞬間的理想！

　　如果想讓極簡管理深入人心，就必須要圍繞極簡管理的思想建構企業文化，營造企業機制，讓責任感與效率原則成為企業基業長久的精髓。一個企業能否將極簡管理長久進行下去，關鍵的一點就是要有一種執行的文化，文化有多深，極簡管理就能走多遠。

執行為本:從計畫到成果

建立執行的文化

極簡管理解決的是「知行合一」的問題,是一種執行文化,這對所有企業都適用。因為光說不練,說一套做一套的企業實在太多了。極簡管理本質上是一種執行文化,解決的是企業普遍存在的「理念與行為天差地遠」的矛盾。

管理是一種執行,執行就要求系統、均衡、一致,但做到這一點並不容易。執行本來就很複雜,執行到位更不容易,會有各種壓力、變數等很多導致複雜的情況。我們接受的管理理念雖然先進,但執行上卻是背道而馳,極簡管理強調執行,強調操作方法和流程,可以很容易解決這個問題。

極簡管理要求管理者從策略定位到實施都要貫徹執行的基本思想。只有策略具有執行性,而執行具有策略性,極簡管理的理念才能得以體現。因為從企業管理的整體到細節都貫徹了執行性,那麼管理者必然會尋求能保證執行的方法和手段,而簡單是其最終的原則和理念支持。因為只有極簡管理才既能保持執行性,又能保持低成本,除此,別無他途。

「簡單」並不意味著「放棄」,如果沒有「執行」,要實現高效率、勤溝通、好服務,一切都是空談。我們需要一批有良好理解力和執行力的人,才能使企業的整體營運向極簡、

> 建立執行的文化

實用、有效的方向邁進;要有一批能找出方法、找到工具並具備教育能力和耐心的管理者來承擔使命,才能使「極簡管理」由理念變成實際行動。它需要我們去認真地準備、體會、實踐、執行,這樣的簡單才會有效率,才能實現我們的目標。

執行為本:從計畫到成果

統一核心價值觀

想要極簡管理,就一定要找到企業的發展規律,核心價值觀,如果找不到,問題就會接踵而至。大家都按規律辦事,實事求是,開會、討論就能少一些。如果每個員工都能統一價值觀,員工就能學會按客觀規律辦事,凡事有規律。

很難想像,一個意志不堅定的管理者能做出準確及時的決策和執行。一個企業具有明確的價值理念,是其成功生存和發展的根本保證。許多企業從「明星」變為「流星」,原因是企業迷失了核心價值觀,使得企業策略變得盲目、複雜而不具備可執行性,這個現象在IT行業更為明顯。

明確的價值理念能形成萬眾一心、齊心協力的局面,所謂「上下同欲者勝」。周武王之所以能統一天下,就是做到了這點,他說:「予有亂臣十人,同心同德。」十人同心同德,造就了周王朝八百年的天下。如果沒有明確的價值理念是不可能做到的。

高層管理者是極簡管理模式的制定者和執行者。威爾許提到極簡管理的兩個必要條件時說:一是主管頭腦要清楚、意志要堅定,有著對自己表達清楚準確的自信;二是企業中有非常明確的價值理念,每一個人都能理解事業的目標,每

> 統一核心價值觀

一個環節都能恰當地發揮作用。

　　這是威爾許在接受財經記者採訪時說出的話,他並沒有事先準備出極簡管理的充分必要條件,卻也像一束閃電照亮了混沌的管理世界。

执行為本：從計畫到成果

極簡管理是一種思維

極簡管理最終是一種思維方式，使員工學會按客觀規律辦事，凡事有規律。極簡管理實際上是把「複雜簡單化」的一種思維方式。

在雜誌上曾看到這麼一個真實的故事：

一位會計系人士曾到一家公司應徵財務經理，經過層層篩選，最後只剩下四人參加筆試。這四個人中，其他三位都是經濟管理類的大學生，只有他是大專生，他對這次筆試沒有半點信心。

總經理給他們每人一張試卷並告訴他們：「這就是考題，10分鐘以後把考卷交給我。」這位大專生一看題目，心裡不禁一顫，「1＋1＝？」，紙上只有這麼幾個字。他不懂總經理用意何在。對這樣一個有些滑稽的考題，他有些不知所措，但看到另幾位應徵者都在奮筆疾書，他實實在在地感受到了自己的不足與無能，這10分鐘對他而言就像有一個世紀長。

為了不使自己太過於難看，這位大專生最後在等號後面填上了「2」。看著另幾位臉上那份自信，他有些無地自容，便以最快的速度離開了試場。

第二天早上8點多，這位大專生接到公司的電話：「你被錄用了，馬上到公司來上班！」他懷疑自己的耳朵，這怎麼可能呢？他又以最快的速度趕到了公司。

> 極簡管理是一種思維

　　總經理召集所有的員工開會，他拿起那張寫有「1＋1=？」的紙問全體員工：1加1到底等於什麼？沒有人回答。總經理說：「有人說1加1等於公司更加美好的未來，他的才智加上老闆的謀略，一定能創造一個更加強大的公司。也有人說1加1等於1，是指他的一份真誠加上他的一份努力，一定能創造出一份讓老闆滿意的成績。更有人說，老闆想讓1加1等於幾就等於幾，他說出了造假帳、偷漏稅對公司發展的必要性。只有一位很堅定地說1加1就是等於2，這位就是我們這次錄用的林先生。」總經理向那位大專生做了個手勢，立刻響起了一片掌聲。

　　總經理感慨地說：「人不能過於複雜，我們的世界原本很簡單，只是人們複雜的思想把這個社會變得恐怖，變得無奈，變得唯利是圖。我沒有錄用另外三位，是因為一個過於複雜的人，往往會把一些正常而簡單的事情變得更加複雜。」

　　這個世界原本簡單，複雜的是我們自己，是我們的大腦，進一步說是我們的思維。大多的煩惱、複雜都是我們自己給的，想讓自己別太複雜，只要我們的思維簡單得如一泓清水，我們就會沒有很多的煩惱和戒備，我們就不會再勾心鬥角、爾虞我詐，我們就會如釋重負、瀟瀟灑灑。

　　管理者要有極簡管理的思維，因為簡單的思維能讓華麗的策略和美妙的願景實現，它顯現的是管理者高超的領導力。

執行為本：從計畫到成果

想要什麼，你就獎勵什麼

美國有一個管理專家叫米契爾·拉伯福（Michael Leboeuf），他是一個基層出身的管理者。在長期的管理實踐中，他一直感到困惑的是，當今許多企業、組織不知出了什麼問題，無論管理者如何使出渾身解數，企業、組織的效率還是無法大幅提升，員工、屬下還是無精打采，整個企業、組織就像一臺生鏽的機器，運轉起來特別費力。米契爾·拉伯福也試圖從汗牛充棟的管理學著作中去向管理大師們討教，最終還是毫無頭緒，不明所以。

最後有人告訴他，最偉大的真理往往最簡單：當你不能理解一個問題時，就從最基本的開始，你會找到一些答案。最偉大的真理往往太重要了，以致於不可能是新的。就這樣，米契爾·拉伯福再從自己的管理實踐中反覆思索，最終悟出了一則他所說的最簡單、最明白也是最偉大的管理原則。

拉伯福認為，當今許多企業、組織之所以無效率、無生氣，是由於員工的考核體系、獎懲制度出了問題。對今天的組織而言，其成功的最大障礙，就是我們所要的行為和我們所獎勵的行為之間有一大段落差。

拉伯福說，他辛辛苦苦發現的這條世界上最偉大的管理

> 想要什麼，你就獎勵什麼

原則就是：人們會去做可以受到獎勵的事情。管理的精髓確實就是這樣一條最簡單明白不過也是容易被人遺忘的道理：你想要什麼，就該獎勵什麼。

作為一個管理者，不論是古代的君王、官吏，還是今天的總統、經理，你獎勵什麼，懲罰什麼，無疑就是向世人昭示你的價值標準。你的屬下、員工或者認同你的價值標準，努力做你希望他做的事，成為你希望他成為的那種人；或者不認同你的價值標準，離開你的企業；或者是陽奉陰違，投機取巧。

所以，作為一個管理者，建立正確的（符合企業、組織根本利益的）、明確的（不是模稜兩可、搖擺不定的）價值標準，並透過獎懲手段的具體實施，明白無誤地表現出來，是管理中的頭等大事。

拉伯福說，他在管理實踐中有兩大發現：第一，你越是獎勵的地方，在這方面你得到的就越多。你得到的是你做出獎勵的地方。在任何情況下都可以確定，人和動物都會做對他（它）們自己最有利的事。

第二，在嘗試著要做正確的事時，人們很容易落入這樣的惡性循環，即獎勵錯誤的行為，而忽視或懲罰正確的行為。比如，我們希望得到 A，卻不經意地獎勵了 B，而且還弄不清楚為什麼會得到 B。

也就是說：你要求人們做出什麼行為，與其僅僅停留在希望、要求上，不如對這種行為及時做出明白的獎勵來得更有效。人們往往犯這樣的錯：希望得到 A，卻得到了 B，原因是他自己不自知地獎勵了 B。

拉伯福說，企業在獎勵員工方面最常犯的有以下十大錯誤：

(1) 需要有更好的成果，卻獎勵了那些看起來最忙、工作時間最長的人；

(2) 要求工作的品質，卻設下不合理的完工期限；

(3) 希望對問題有治本的答案，卻獎勵了治標的方法；

(4) 光要求對公司的忠誠度，卻不提供工作保障，而且付最高的薪水給最新進和那些威脅要離職的員工；

(5) 需要事情簡化，卻獎勵了使事情複雜化和製造瑣碎的人；

(6) 要求和諧的工作環境，卻獎勵了那些最會抱怨且光說不練的人；

(7) 需要有創意的人，卻責罰了那些勇於特立獨行的人；

(8) 說要節儉，卻以最大的預算增幅，獎勵了那些將企業所有資源耗盡的員工；

(9) 要求團隊合作，卻因獎勵團隊中的某一成員而犧牲了其他人；

(10) 需要創新，卻處罰了未能成功的創意，還獎勵墨守成規的行為。

| 想要什麼，你就獎勵什麼

　　如果你是一個管理者，你也可以對照拉伯福所說的這十種錯誤，舉一反三，驗證一下自己是否犯過類似的錯。例如：

(1) 我們是不是嘴上說講究實績、注重實效，卻往往獎勵了那些專會做表面功夫、投機取巧之人？

(2) 我們是否口頭上宣布員工考核以業績為主，卻憑主觀印象評價和獎勵員工？

(3) 我們是否口頭上宣布鼓勵創新，卻處罰了勇於創新之人？

(4) 我們是否口頭上宣布鼓勵不同意見，卻處罰了勇於發表不同意見之人？

(5) 我們是否口頭上宣布依規辦事，卻處罰了堅持原則的員工？

(6) 我們是否口頭上鼓勵員工勤奮工作、努力奉獻，卻獎勵了不做事、專搞小動作、鑽營之人？

執行為本:從計畫到成果

強調什麼,你就檢查什麼

IBM總裁郭士納說過:「如果你強調什麼,你就檢查什麼,你不檢查就等於不重視。」杜拉克大師的目標管理在全球十分普及,但在實施過程中卻有很多企業走形變樣,其中一個問題就是工作追蹤很差。如果沒有工作追蹤,一個企業是不可能建立一種執行文化的。

管理大師杜拉克認為:「要想完全實現企業的計畫與目標,執行到位,就必須進行追蹤和控制,透過設定目標對整個組織的行為進行控制,把整個企業、把各種資源調動起來,圍繞目標往前走。」

如果行動偏離了目標,透過工作追蹤能及時記錄這個偏離的情況,然後回饋這個資訊,並採取一定的調整措施,就能保證我們的目標能夠按照原本的設定實現。工作追蹤主要包括下面幾點:

(1) 衡量工作進度及其結果;
(2) 評估結果,並與工作目標比較;
(3) 指導屬下的工作;
(4) 如果在追蹤的過程中發現嚴重的偏差,就要找出和分析原因;
(5) 採取必要的糾正措施,或者變更計畫。

> 強調什麼，你就檢查什麼

那麼一名優秀的上司應該如何進行工作追蹤呢？

第一，了解屬下是否把他所有的資源和精力都用在達成目標上。

如果是，那就不需要糾正他。如果是他在能力上或工作方法上不行，那我們需要做的就是教練的工作，在能力方面培訓他，或資源方面給予補充。

第二，要明確地授權，以免造成屬下在工作時事事請示。工作追蹤是在充分授權給人的情況下，讓屬下在按照自己的想法進行工作的基礎上所做的追蹤。而且，工作追蹤不是干涉，不是替屬下做決定，而是對屬下的工作做出一個目標完成情況的評價。

工作追蹤第一步：蒐集資訊

資訊蒐集主要有幾種途徑和方式：

(1) 建立定期的報告、報表制度。很多公司業務部門、生產部門都有定期報告制度，甚至連值班日誌都已經做成規範，但其他大多數部門可能還是以口頭彙報為主，一定要制定嚴格的報告、報表制度。

(2) 定期的會議。

(3) 現場的檢查和追蹤。

這些工作就方法而言，並不複雜，但關鍵是要能細緻並且不斷堅持。

工作追蹤第二步：給予評價

在給予評價時要注意以下四個要點：

(1) 要定期追蹤。管理者有時候工作一忙，可能無法顧及屬下的工作情況，而一旦形成三天打魚、兩天晒網的狀況，屬下的工作就有可能漸漸鬆懈。對屬下工作追蹤要養成定期的習慣，同時讓屬下屬感到主管有定期檢查的習慣，這是非常重要的。

(2) 分清工作主次。管理者的事務很多，不可能事事追蹤，因此一定要分清事情的主次，對重要的事一定要定期檢查，而次要的事則採不定期抽查。

(3) 對工作評價。工作評價的一個重點是看是否偏離目標，有時候是與目標有差距；有時候是具體方法的差異；有時候業績看起來實現了，但目標實際上是偏離了。如果評價時發現目標有偏離，就要及時把它拉回來。

(4) 避免只做表面業績和目標的比較，應該察覺發生偏差的原因。在分析偏差時，首先必須分清哪些是屬下無法控制的因素引起的。

工作追蹤第三步：及時回饋。

經理必須定期地將工作追蹤的情況回饋給屬下，以便屬下：

(1) 知道自己表現的優劣所在。

(2) 尋求改善自己缺點的方法。

(3) 使自己習慣於自我工作追蹤及管理。

　　如果發現屬下目標達成不理想,那麼可以提建議。有的屬下,當你指出他的工作偏離了目標,他能夠很快地意識到這一點並根據主管的建議去進行調整。另一種方式就是強行把目標拉回來。

　　不論是採用哪種方式,都必須做到及時回饋,這樣持續下去,大家就會發現,絕對不允許偏離公司目標的事情發生,這就在公司內形成了一個基本的職業原則。既激勵大家去完成目標,又告誡那些有可能故意偏離目標的人。

> 執行為本：從計畫到成果

重結果，輕過程

工作追蹤中最常出現的問題是經理人在進行工作追蹤時，追蹤的不是目標，而是屬下的實現方式。有的經理認為工作追蹤應以屬下的工作表現為主，每天都能保證不遲到、不早退，在主管視野所及的範圍內勤奮工作的就是好員工，問他們這樣做的理由，他們會說：「我看到某某工作認真，所以他就是好員工，某某人我就從來沒看見他做什麼。」

比如，在規定的市場區域裡，經理一年要完成500萬元銷售額，這是公司設定的目標，那麼，一個月就是40多萬。如果上司看到連續兩個月沒達成銷售額，就容易出面干涉，在旁邊指導，或者是喋喋不休。這實際上是在追蹤該經理的實現方式，而非一年500萬元銷售額的目標了。

事實上，因為經理的精力有限，不可能全面看到所有屬下的工作表現。這種只追蹤形式而不管結果的行為，一方面造成工作追蹤的片面性，另一方面也很可能傷害到其他員工的感情，而達不到工作追蹤、進行階段性工作評價的作用。

因此，工作追蹤應該著重客觀性的標準——工作成果，極簡管理的精髓是效率，效率以結果為導向。一隻貓能否生存並不在於牠長著多麼美麗的皮毛，也不在於牠的肥瘦，而是取決於牠是不是能夠抓到老鼠。如果貓是靠自己的皮毛或

> 重結果，輕過程

者乖巧而生存的話，牠至多就是一隻寵物，而命運永遠掌握在主人的手裡。

企業也是一樣，很多大型企業的考核體制正在向過程考核發展，這其實是一個很危險的訊號。

重結果，輕過程，並不是完全不重視過程，而是要強調結果，一定要讓全體員工明白，工作結果是為客戶和利潤服務的，要重視工作的實際結果，而非過程。

執行為本：從計畫到成果

進行「5S」管理

在工作中，給人一種簡練、俐落的印象很重要。因為簡練、俐落就意味著有效率，要想達到這種效果，首先要做到環境簡潔，選擇極簡有效的工作方式。

最近，有一種被簡稱為「5S」的自我管理方式十分流行，其精髓就是實現極簡。

「5S」不是什麼高深難懂的概念，從頭到尾都在強調「整理、整頓、清掃、清潔、素養」，這5個我們日常生活工作中最常見的東西，它的可貴之處就在於保持整理、整頓、清掃的成果，持之以恆維持清潔的環境，並養成素養。其本質就是為了實現極簡，排除與工作無關的干擾，實現管理的有效化。

整理──將工作場所的物品區分成有用的和沒用的，除去沒用的物品，留下有用的。

對沒用物品，立即清出工作場所，以廢棄物處理；對較少使用的物品，應清理工作場所，收回倉庫；對常用物品（夠1天用），適量留在工作現場，餘下的收進倉庫。其目的就是騰出空間，使工作空間簡單明瞭，以減少誤用、誤送。

整頓──把留下的有用物品，根據使用狀態分門別類，

按規定位置擺放整齊,同時要做到先進先出原則,並加以明確標示。

整理工作完成後,接著就是要分門別類這些留下來的各類物品、方便存取、一目了然的整頓工作。操作模式如下:

(1) 首先要騰出物品的放置空間;
(2) 按物品種類、使用頻率、特性、體積大小、輕重等分門別類;
(3) 確認存放就位的物品,滿足門類並分辨清楚,按先入先出原則,方便拿取,確認無誤後確定位置;
(4) 物品、機械、工具、工作臺等要擺放整齊;
(5) 做成物品放置位置圖(貨架擺放平面圖),位置確定後,不要隨意改動,習慣後,可節省很多找尋時間;
(6) 標示:物品名稱及規格標示(多標示在貨架上及區域標示如A區、B區)。物品先入先出標示,一般情況下按交貨期月分標示即可,如3、4、5、6等,一些有顏色區別的標籤,字型大小設定,在3～4公尺遠的地方能看清楚。標籤上數字表示為月分,如3、4、5、6分別表示3、4、5、6月入庫的貨品。

雖然看起來覺得有點麻煩,甚至複雜,但我們要明白這些是工作的前奏,而不是工作本身。其目的是為了減少找尋物品的時間,使工作時有好心情,讓我們工作起來更便捷,操作也變得極簡,效率自然會提高。

清掃 ── 工作場所徹底清掃乾淨，保持工作環境清新、明亮。從地面、牆壁到天花板及一些死角都要徹底清掃。辦公場所的桌、椅、茶几要乾淨，玻璃門窗光潔明亮，沒有灰塵；垃圾、廢品堆放處要乾淨整潔。保證無破損物品、水管漏水以及噪音、汙染等現象。

這樣可以創造良好清新的作業環境，並杜絕汙染源，使員工有好心情，同時可以減少職業傷害和職業病。

清潔 ── 維持整理、整頓、清掃的結果。進行定時或不定時確認檢查（制定檢查制度、檢查確認表），透過對比反映出改善成績，讓「極簡」的工作環境得到長期保持。

素養 ── 養成遵守規定的習慣，團結、進取、投入、敬業。

每個人都要實行「5S」的目的是，使複雜的事情極簡化，使簡單的事情重複化，使重複的事情習慣化，以達到高效率的結果。

強調執行文化的技巧

(1) 用一種概念,對大家有一種啟發,一種規範,一種引導,這也是極簡管理的方式之一。

(2) 你想要什麼,就該獎勵什麼。你越是獎勵的地方,你得到的就越多。

(3) 你要求人們做出什麼行為,與其僅僅停留在希望、要求上,不如對這種行為及時做出明白的獎勵來得更有效。

(4) 強調什麼,你就檢查什麼。

(5) 工作追蹤應該著重客觀性的標準——工作成果,重結果,輕過程。

(6) 使複雜的事情簡單化,使簡單的事情重複化,使重複的事情習慣化。

執行為本：從計畫到成果

創造高效：建立極簡運行體系

創造高效：建立極簡運行體系

企業面對的是市場，強調的是速度，要做到隨時、迅速地貼近市場，只有極簡的營運流程和相應的企業結構，才能提高市場反應速度，提高企業的整體競爭力。優秀公司的制度一般都具有極簡的特徵，極簡是競爭力的表現。

「治大國若烹小鮮」，在老子的心裡，始終有一個自然秩序。而建立極簡的機制，形成自然秩序，正是極簡管理的核心。

一個複雜的業務模式和盈利模式，因為它的影響因素太多，任何一個因素的變化都會導致整個時間和成本的變化，從而使管理變得不可控制，最終會導致企業的整體虧損。

在大多數公司中，中層管理人員除了一些「整理工作」以外——如阻止一些觀點向上傳和向下達——真的幾乎沒有什麼作用。

以客為尊，是指無論公司內部還是外部，都必須以顧客為導向，以簡約為原則，因為面向客戶很簡單，面向權力很複雜。

明智的行銷者應該衝破複雜情結，「極簡」理應成為行銷界的聖盃。這是因為時間的重要性與日俱增，消費者也越來越沒耐心。

責任體系的建立，是極簡管理的內在精髓。企業要進行策略管理，就必須確立企業內部各個職位的主要職責及各個職務之間的分工與合作關係。

形成一種自然秩序

一個企業所倡導的文化，一定程度上可以抵消體制帶來的不利影響，但完全把企業的發展和命運押在文化倡導上，風險是很大的，必須建立起一種有效的機制和制度，形成一種自然秩序。

老子曾經多次說明「道法自然」管理的精義，明確提出了管理的最高境界是「無為而治」。在漢朝的鼎盛時期──文景之治，遵從的就是這一策略。「治大國若烹小鮮」，在老子的心裡，始終有一個自然秩序。而建立極簡的機制，形成自然秩序，正是極簡管理的核心。極簡管理就是透過某種機制、某種自然秩序，使每個人確立自己的定位，並且確立自己做得好有什麼獎勵，做得不好有什麼懲罰，它要求不管是高級管理者，還是一般員工，都知道自己什麼時候該做什麼。

在一個企業中，每個人都要圍繞某個目標做自己分內的工作。就是這個目標的進度，決定了每個人在各個環節上，什麼時候應該做什麼、做到什麼程度，這些東西不需要管理者指手畫腳，因為都規定清楚了。

以交響樂團的演奏為例，不管哪一個位置的演奏者，他們都知道到了哪個段落應該做什麼，用不著指揮告訴他。也

(創造高效：建立極簡運行體系)

就是說，當企業中的每個職位、每個階段、每個人都知道什麼時候該做什麼，企業的自然秩序就形成了。

極簡管理順應事物的自然規律，除去由於人的過於干涉而導致對自然規律的扭曲，還事物的原本面貌。在對事物的了解上，能使管理者具有高度的洞察力，不被表面現象所矇蔽，準確掌握事情的本質；在解決問題上，能抓住關鍵點，突出重點，提高解決問題的效率，使管理更具執行性。

也許有人會問，形成自然秩序時，為什麼要建立極簡的機制呢？

這是因為，自然秩序的運轉必須有一定的環境條件，需要有一定的規則。高級管理者該做的事，無非就是建立並維護企業自然秩序的運轉。員工該做的就是把工作上的事做到最好，他們的目標和做事的標準都非常明確。

企業逐漸形成運作的規範，然後再把這種規範演變成每個人的自然思維方式，就像呼吸一樣自然。像山姆・沃爾頓（Sam Walton）那樣，圍繞著為客戶節約每一塊錢這個商業的根本而形成一種極簡秩序，這種管理就比較簡單。按規則建立一個簡捷有效的系統，每個人都明確知道自己在系統中的定位，身體力行地履行職責，這就是極簡管理的核心。在企業中，建立極簡管理的機制，形成一種自然秩序，包括以下幾點內容：

形成一種自然秩序

(1) 改造流程。複雜是因為流程太長,要重新整理。流程是企業管理機制的基礎,極簡管理要求我們要建立面向顧客的流程。面向客戶就非常簡單,而面向權力就非常複雜。改造流程包括業務和盈利模式、組織流程、生產流程、銷售流程等。

(2) 建立責任體系和清楚的獎懲機制。建立引導、激勵、壓力、動力機制,獎勵那些做得好的人;形成文化和制度的壓力,讓員工明白不這樣做就會受到懲罰。

創造高效：建立極簡運行體系

進行「減法」經營

業務模式和盈利模式越是極簡，企業的管理越易於控制，時間流程和成本就易於掌握；業務模式和盈利模式越是極簡，業務的累積性和盈利模式的持續性就越好。

一個複雜的業務模式和盈利模式，因為它的影響因素太多，任何一個因素的變化都會導致整個時間和成本的變化，從而使管理變得不可控制，時間和成本的不可控，最終會導致企業的整體虧損。

極簡管理在模式上是簡約和集約的整合。簡約產生速度，集約產生整體力量。要想讓業務模式和盈利模式變得極簡，就一定要學會「減法」，進行「減法」經營，有所為，有所不為。

在數學演算時，加法與減法處在同一個層次，難易相當，但在企業中，做減法卻比做加法難得多。這不僅因為做減法意味著一種捨棄，還有「捨棄」總不如「得到」容易被大家接受。

在多數人的觀念裡，說不、承認錯誤、承認失敗總是很難的。企業家選擇做減法，譬如放棄某種業務、某個市場，無疑是椎心之痛。但是只要能讓企業更為有力，這種說「不」的行為，就是了不起的。

> 進行「減法」經營

在這點上,美國西南航空公司的成功為我們帶來了彌足珍貴的啟示。由於大的航空公司喜歡跑長線,利潤高,西南航空則另闢藍海,專門開闢城市與城市之間的短線行程。班機多,準點起飛;不設對號座位,隨到隨坐,先到先坐;不備餐,只提供一杯咖啡,這些說「不」的措施最終保證了西南航空公司的一枝獨秀,即使在「911」事件之後航空業最艱難的時節,西南航空公司也是盈利的。

然而,誘惑總是伴隨著成功而來。當一家企業的經營規模變大,手頭上的錢多了,市場上的各種誘惑也隨之而來。現在很多中小企業,人員水準高,融資管道也多,有錢又有做大事業的抱負,投資衝動自然也多。

這時候,企業領導者的自信心常常會因而擴大,覺得自己有能力做很多事。原本比較清晰的業務模式和盈利模式也會模糊起來,陷入繁雜的泥淖。

每個企業都能找到多元化投資的理由,都覺得自己已經具備投資多個領域的能力,但是真要進入實作階段,資源及人的投入,都無法一蹴而幾。

在這個競爭激烈的商業社會裡,每個企業、每個人,在一個特定的時間段裡,真正能做的事很少,適合自己並能做成功的事更少!作為一個企業,集中資源做對企業貢獻更大、更有價值的事,從而減少犯錯和橫生枝節的代價,更容

創造高效：建立極簡運行體系

易獲得成功。所以，與其做大，倒不如凡事從簡切入，集中優勢資源，專注於自己擅長的事業，遵循持久經營的原則，整合出屬於自己的核心競爭力。

一家成立已久的集團在輝煌時期做減法，堅決拋棄所謂「日本商社模式」的構想，集中全部精力和資源在住宅領域做出了成功的品牌；另一間主要販賣家電的集團，當眾多家電企業紛紛轉向多元投資時，它則專注於比較狹窄的微波爐領域，做成了全球「龍頭企業」。現在，又集中力量，發揮自己在國際製造方面的優勢，進入冷氣生產領域，其手法簡單、乾脆。

某家大集團總裁曾說：「櫻桃就那麼一點大，但我覺得它比冬瓜好吃多了。強比大更重要。」

「KISS」原則

在《帕金森定律》(*Parkinson's Law*) 一書中，有這麼一個故事：

在某個企業中，有個當主管的 A 君，他覺得自己勞累過度。但究竟是他的工作真的太多，還是僅他自己感覺這樣，這不是重點。

不論工作繁重是真是假，他現在面臨了三種選擇：第一，提出辭呈；第二，讓同事 B 君來分擔自己的工作；第三，要求增加 C 先生和 D 先生來當助手。

按照一貫的做法，A 君恐怕只能選擇第三種辦法了。因為如果辭職，他就無法領取退休金；請來級別和自己相當的 B 君，等到日後上一級的 W 君退休，自己就失去了競爭力。

因此，A 君寧可找 C 先生和 D 先生來當助手，何況 C、D 二位的到來等於提高了他的地位。他可以把工作分成兩份，分別交給 C 先生和 D 先生，而自己成了唯一掌握全局的人。

有一天，C 先生也開始抱怨疲勞過度，A 君會跟他商量，也替他配上兩名助手。鑑於 D 先生和 C 先生的地位相當，為了避免不公平，A 君也只得替 D 先生增配兩名助手。

於是，在補充了 E、F、G、H 四位先生之後，A 君自己的晉升就十拿九穩了。如今，七個人在做 A 君過去一個人的工作。組織一下擴大了七倍。

創造高效：建立極簡運行體系

組織規模擴張迅速，使得組織變得臃腫但不強壯。組織變複雜，它的獲利卻大大降低，這是因為公司增加了很多周邊的瑣碎事務。可以說，讓公司變得複雜的行動，是人類行為中最容易降低效率的行動。

每一個人、每一個企業，都是許多相互制衡的力量協力造成的產物。而這制衡，是由許多不重要的瑣碎的勢力共同對抗少數但必要的勢力。這些瑣碎無用的多數，代表著企業裡無所不在的惰性和無能，它們和企業中有活力和創造性的力量混雜一處，結果我們常常是既分不出垃圾，也看不見寶石。

商業世界和人生一樣，總是朝著複雜的方向發展。複雜的後面隱藏著一張官僚的臉。極簡管理的企業流程，面向客戶就非常簡單，而面向權力則非常複雜。

所有複雜的企業都存在資源浪費和效率低下的情況，特別是一些大型的企業。他們沒有專注在應該關注的事情上，很多大型企業都在進行昂貴的卻無生產力的活動，而且這種活動的數目極其龐大。

複雜往往會造成浪費，企業的高效來自極簡。所以，任何企業都可以做到降低成本，把進行中的活動加以簡化，並消除低價值或負面價值的活動，讓顧客享有更好的服務；任何時候都應該記住「KISS」原則（Keep it simple stupid！意思

是「這個笨蛋，怎不知簡化！」）。

　　優秀公司最重要的特色，莫過於能及時靈活地採取行動。許多公司雖然規模很龐大，但它們並未因過分複雜而停滯難行。它們從不屈服，也從不創設任何永久的組織。它們從不沉溺於長篇大論的公文報告，也不設立僵化的組織結構。它們深信人一次只可能處理少量資訊，並且一旦意識到自己是獨立自主的，他們就會大受鼓舞，其工作積極性也大大提高。

　　一般公司內常有的抱怨是其組織過分複雜，然而，優秀公司卻沒有這樣的問題。Digital、德州儀器、惠普、3M、IBM、達納、麥當勞、艾默生、貝泰、波音、達美航空等公司的高級主管並未被一大堆公司組織圖或工作說明所「淹沒」，他們準備妥當，集中火力，瞄準目標，在嘗試中學習。

　　在我們看來，優秀公司的結構形式只有一種關鍵的特性──極簡。只要具有極簡的組織形式，很少的員工就可以完成工作。事實上也是這樣，大部分優秀公司的管理層員工相對較少，員工更多的是在實際工作中解決問題，而不是在辦公室裡審閱報告。

　　在基層，實作者多，管理者少。因此，我們粗略地得出了「百人規則」，即大型公司的核心高層沒有必要超過100人。艾默生電氣公司擁有5.4萬名員工，但公司總部員工

創造高效：建立極簡運行體系

少於 100 人。達納公司擁有 3.5 萬名員工，但其總部已由一九七〇年的 500 人減少到現在的大約 100 人。施蘭卜吉探油公司，一家擁有 60 億美元資產的多元化石油公司只用大約 90 名管理員工經營著這個涵蓋全球的大帝國。

麥當勞的管理人員也很少，正像雷·克洛克（Raymond Kroc）那句經久不衰的格言：「我相信公司的管理應該是『人越少越好』。」所以一個企業尤其是小型公司，盡量不要設分管職能的副主管職。一個副主管職，夾在總經理和部門經理之間，往往成為可有可無的位置。更嚴重的是，可能會多了一個可以推諉責任和製造是非的人。

在擁有 10 億美元資產的英特爾公司，事實上沒有固定的行政人員，所有部門間的行政人員分配都是臨時性的。在價值 20 億美元的沃爾瑪公司，建立者山姆·沃爾頓（Samuel Moore Walton）說，他相信公司總部空無一人的規則：「關鍵在於走進商店仔細傾聽。」

同樣的規則也適用於一些經營狀況良好的小公司。如 ROLM 公司，它是由 15 名員工組成的，公司總部管理著價值 2 億美元的業務。當查爾斯接管價值 4 億美元的克里夫蘭公司時，他被行政人員的數目嚇壞了。在幾個月的時間裡，他把公司總部人員從 120 人減到了 50 人。

聯合航空公司前任主席愛德華·卡爾森（Edward Carlson）曾提出過一個「沙漏」理論。在大多數公司中，中層管理人員除了一些「整理工作」以外——如阻止一些觀點向上傳和向下達——真的幾乎沒有什麼作用。卡爾森認為，中層管理人員是一塊海綿，如果中層的人員少一些，親身實踐管理就能更好地發揮作用。因此，如果想讓你的企業更有效率、更有活力，就必須先讓你的企業減肥。

創造高效：建立極簡運行體系

標準化、生產線作業

如今，很多企業的生產效率都有很大的提升，除了機器的更新外，還有一個更大的原因就是管理的改良，建立了極簡的業務流程。由於每個員工都能在自己的職位上做著自己熟悉的工作，工作任務也是再次地細分，每個員工可以全身心地投入自己的工作中，生產效率自然提高了。

要想實現業務流程的極簡，最基本的原則是「靈活」，即你的應用系統能否根據業務的變化而快速變化。「靈活」需要幾個環環相扣的條件：專業化、標準化、模組化和整合化、生產線作業，其中又以專業化最根本——有了專業分工才談得上標準化；有了標準化才可以做到模組化；有了模組化，才可以任意進行各種組合與整合，進行生產線作業。

許多年前，有一位銷售經理去拜訪一家罐裝飲料廠，該飲料廠生產處於試做階段，各項搬運設備還沒有到位。

當這位銷售經理來到工廠時，廠長正準備將1號倉庫裡幾千箱裝滿飲料的箱子搬到50公尺外的2號倉庫。由於沒有堆高機，當廠長一聲令下要求搬移貨物時，20多個工人便一哄而上。每個人都獨自從1號倉庫搬下沉重的箱子，然後走上幾十公尺到2號倉庫再自行疊放起來。

> 標準化、生產線作業

　　由於倉庫的倉門過窄，一個人進出沒問題，多個人同時進出就困難了。很快人來人往地搬運已經使得倉庫門口和走道擁擠不堪，互相碰撞，倉庫的箱子也放得東倒西歪，場面混亂。

　　許多人剛開始還很積極，甚至一次搬兩箱飲料來回跑。沒多久，飲料箱還搬不到十分之一，大家都累慘了，於是有幾個工人就坐下來一邊休息一邊抱怨箱子太重。

　　看到這種情形，前來拜訪的銷售經理靈機一動，想起曾經聽過一個救火的故事：

　　有一次，一個偏遠的村子失火，沒有消防車，只有附近的村民趕來救火。當時情況很危急，附近有一池塘可以取水救火，但離火場還有一段距離。情況危急，怎麼辦？

　　村長一聲令下，讓所有村民回去拿家裡的臉盆，一字排開，從距離數百公尺的水塘一直排到火場，從池塘裝滿水的水盆就透過接龍傳送的方式一直傳到火場，終於把火撲滅了！避免了更大的損失。

　　想起這個故事，銷售經理就跟廠長要求讓他來指揮，廠長見他挺有自信，就答應了。

　　銷售經理先安排了兩個工人分別在1號和2號倉庫裡拿貨，其他的人從1號倉庫到2號倉庫之間一字排開，每個人固定站好自己的位置不動，站在1號倉庫裡的工人搬下飲料

(創造高效：建立極簡運行體系)

箱傳遞給倉庫門口的工人，倉庫門口的工人再把箱子傳遞給另一個工人，就這樣透過人龍把一個個箱子送到了2號倉庫，由2號倉庫的專門負責疊放的工人仔細疊放，來訪的銷售經理負責監督整個搬運流程，保持節奏一致。

憑藉這麼小小的一個方法，幾千箱沉甸甸的飲料沒多久就搬完了。搬箱子、拿箱子、疊放箱子，一般常規的想法是透過一個人去完成，而管理上勞動分工的做法是將動作分解，不同的工作交給專人來做，各個領域專家的組合勝過全部的「萬能組合」。日本為什麼在管理上那麼強，就是因為他們管理分工得好，沒有完美的個人，只有完美的團隊。

大型企業之所以是大型企業，根本的區別就是大型企業每個人的分工都比較細，而小型企業沒有太嚴格的職能區分，每個人什麼都做，甚至是每個人都重複地做同樣的事情，沒有溝通好就會產生摩擦，有了摩擦才需要解決。如果不從根本上解決這一問題，小型企業就很難做強、做大。

分工細是為了適應管理的需求，但分工太細了也可能產生整個工作的不銜接，這也是溝通的問題，如果找不到新的解決方法，溝通的成本又會增加。如何改進這一現象？答案就是進行生產線作業。

在汽車生產發展的歷史上，曾經是一個工人負責安裝汽車所有的部件，那時候汽車不動，人動。是福特發明了生產

標準化、生產線作業

線作業的方法,製造了汽車裝配的生產線,這時候是汽車動,人不動。生產線的發明造成了整個工業的革命。如今的管理界,生產線的工作方式不僅適用於製造部門,也同樣適用在其他的管理部門,這是另一個形式的生產線。將業務流程重組後資訊化就成了今天人們常說的「ERP」,業務流程重組和資訊化必然導致下一場更大規模的產業革命。

在上面的箱子傳遞的過程中,其實還涉及一些細節,比如每個人保持怎樣的腰部動作,傳送的節奏和時間應保持在什麼水準等,透過這樣標準化的動作,可以避免受傷,而且省力。這使筆者想起了科學管理之父泰勒(Frederick Winslow Taylor),為謀求高效率,用科學化的、標準化的管理方法代替舊的經驗管理。

泰勒的管理革命始於十八世紀,自此替美國帶來了新一輪的管理革命,美國超越英國成為世界第一工業強國。泰勒管理精神的精華是,制定科學的業務流程,不僅實現工具、機器、材料標準化,還對作業環境、作業流程實現標準化,形成書面文件,並培訓工人使用標準的操作方法,使之在工作中逐步成長。

創造高效：建立極簡運行體系

以客為尊，一切皆極簡

據說，有些白領階級喜歡到宜家家居（IKEA）購買居家用品。不僅因為 IKEA 的產品具有北歐風格，新潮而彰顯個性，價格也合理，更重要的是它們簡潔實用，可拆卸分裝運輸，方便顧客購買。正是這種以客為尊、化繁為簡的經營智慧，造就了這個全球性的著名品牌。

以客為尊，是指無論公司內部還是外部，都必須以顧客為導向，以極簡為原則，因為面向客戶很簡單，面向權力很複雜。企業的價值、員工的價值，最終還是由客戶來評價，客戶是企業的神。所以面對客戶，一切的答案都很簡單，那就是全心全意的服務，發自內心的服務，所有的一切都是為客戶創造價值。

實行極簡管理，一定要用市場需求來帶領員工的意識和行為。一定要讓員工知道我們所做的一切都是為客戶創造價值。客戶需要速度、效率，我們如何滿足他，怎麼才能提高速度呢？記住，要求你速度快的，不是總經理，而是客戶；要求你提高品質的，也不是總經理，而是客戶。

早些年，國外某著名航空公司發生了一件危機事件。送餐時間將到時，一位有些疲憊的空姐推著餐車對另一位說：「哎呀，又要餵豬了。」恰巧被一位記者聽見。於是事情鬧大

了。該航空公司儘管費盡心力,但是「視客為豬」的惡劣影響終難挽回,沒過幾年,該公司就被人兼併了。

用客戶關係來使企業內部關係極簡化,是極簡管理一個很重要的方面。有些企業為什麼能做得很快?因為他的老闆一直在和客戶溝通,每天都在揣摩客戶。如果把這種揣摩擴大,變成員工自己來揣摩客戶,那麼極簡管理就成功了。

在萊雅,人人都在行銷,人人都必須擔負起與價值鏈上最前端接軌的責任,對統一的品牌負責。無論根基如何深厚,品牌都可能是非常脆弱的東西。我們目睹一些聲譽卓著的公司,他們在很短的時間內一落千丈,因為他們不再努力加強對客戶的忠誠度;他們企圖指手畫腳地告訴客戶需要什麼,而不是虛心聽取客戶的意見;他們在諸如財務報表和環境保護等商業道德和社會問題方面馬失前蹄,釀成大錯。而一旦失敗,重新建立品牌談何容易。

在企業中,很多管理者都沒有培育「以客為尊、全員營銷」的意識,所謂行銷,在他們看來,只是業務部門、銷售人員的事情。很多企業的管理者給員工一個明確的暗示:做好自己的工作,其他的你不用管。

這種過於倡導內部競爭、相互提防的氣氛顯然無法做到以客為尊。那麼,如何才能喚起那些習慣按部就班的員工的危機感,使企業全員具備共同求生的意志呢?

> 創造高效：建立極簡運行體系

　　善於學習的一家企業推出了內部購買機制——SST。所謂SST，就是在流程與流程之間、職能與職能之間進行索酬、索賠的動作。與不少企業一樣，這家企業的SST也是「下一個程序是上一個程序的客戶」思維的體現，不過它的做法更細緻、精確和制度化，核心就是將市場風險意識前移，責任落實到位。

讓產品極簡化

在有關人生的忠告中，最富哲理、最耐人尋味的部分通常不是教人如何做「加法」──追求盡可能多的財富、權力、成功和欲望的滿足，而是教人如何做「減法」──過極簡的生活。

大哲學家培根就曾告誡那些權力欲過盛者，說他們是君主、榮譽和事業的「三重意義的奴隸」，連人身自由都沒有。十九世紀的英國學者卻斯特頓（Gilbert K. Chesterton）亦稱「過分的享受反而無法享受」，明智的選擇應是「同時享受一些極簡的東西」。

蘋果公司前總裁約翰‧史考利（John Sculley），在一次演講中講了一個非常獨到、精彩的見解：「我們在工業時代唯一學會的，就是去製造越來越多的複雜。但是，我想現在越來越多的人開始去學習如何實現極簡，而不是複雜。」極簡是複雜的終極形態。

一九八〇年代，日本推出燒煮和加熱合一的微波爐，按鈕有十幾個之多。雖可烹飪菜餚 200 多種，但還是不受消費者青睞。看到這種情況，廠家順應了消費者的「有效需求」，大膽革新，把按鈕減到最簡單的幾個，最終受到了消費者歡迎。

創造高效:建立極簡運行體系

對大多數消費者來說,很多產品的一些附加功能甚至包裝都是多餘的。現在許多小皮包、文件包都設計了密碼鎖,看起來很高級,用起來卻讓人增加了很多煩惱。只要稍不小心,輕輕一碰,密碼就會變動,例如「8」變成「9」或「2」。由於密碼不對,好多皮包鎖上後就打不開,需要用錐子撬開。

在實際生活中,類似這種華而不實、徒勞無益的產品還有很多,設計者、製造者和經營者以為這樣可以招徠顧客,多賺些錢,其實恰恰相反,一旦客戶覺得附件的功能增加了使用難度,就會放棄使用該產品。

有鑑於此,生產經營者應從方便消費者使用的角度出發,在設計產品時多使用「減法」。大名鼎鼎的美國實業家艾克爾(Amkor)就是靠運用「減法」起家的。

一天,艾克爾在紐約街上散步,看見一家小店將一塊塊鹹肉切成均勻薄片,裝在兩磅裝的紙盒裡出售,生意很好,立即產生聯想:「如果再改成一磅裝,生意可能會更好。」於是他依計行事,創辦了山毛櫸食品公司。從此,山毛櫸食品公司聲名鵲起,逐漸聞名全美國,乃至全世界。

運用「減法」思維方式的經營者並非僅此一家。日本東芝公司的 X 射線 CT 診斷設備,「減」去一般病患不需要且造價昂貴的功能,售價比美國奇異公司的同類產品便宜 40% 有

> 讓產品極簡化

餘，一舉奪得了在美國及國際市場的競爭優勢。

縱觀時下的企業行銷活動，令人遺憾的是，大多數企業除了在「價格戰」中會使用「減法」外，對產品的結構、功能、效能、包裝，以及服務項目的形式和內容，則只知道用「加法」，硬把一些多餘的品質或享受塞給顧客。如此，價格很自然就變高，「消費成本」也勢必「水漲船高」。如此，只能導致顧客對此類產品退避三舍。

刪除產品的多餘功能、效能、包裝就夠了嗎？客戶的使用就簡單了嗎？看看寶僑公司的做法，也許你還能更進一步。

在商店，我們經常能看見那些從未被購買的商品，這種浪費是很驚人的。根據科特薩爾蒙公司的研究和佩恩韋伯公司的分析家安德魯·肖爾（Andrew Shore）的研究結果顯示：7.6%的個人護理和家用產品占據了該領域全部銷售額的84.5%，其餘許多產品幾乎從未被消費者注意過。

像寶僑這樣優秀的公司也容易在這方面犯錯。作為世界著名的消費品生產商，寶僑花了幾十年的時間，一下子對這個搞創新，比如清新檸檬，一下子對那個「改進改進」，比如改包裝。但是，這個世界是否真的需要有31種不同的海倫仙度絲洗髮精或52個版本的克瑞斯牙膏呢？

還好近年來他們的管理層已經了解到這一點，寶僑的前

> 創造高效：建立極簡運行體系

總裁迪克・雅格（Durk Jager）在一篇文章裡說道：「很難想像消費者這些年都是怎麼過來的，我們的所作所為實在是難為他們了。」所以，寶僑決定實行配方標準化，刪減非重要品牌。

後來，寶僑公司在美國本土的產品名單和品項都少了許多。那麼，產品品項少了，銷售額會不會因此下降呢？不會。以護髮素系列為例，雖然品項被刪減過半，寶僑公司的市場占比在當時卻提高了 5 個百分點，達到 36.5％。在日本，寶僑公司將其化妝品的種類由一九九五年七月的 1,385 種減至 9 個月後的 828 種，銷售額則攀升了 6％。這就是極簡的力量。

寶僑公司不但砍掉了低收益的品項與品牌，而且在推出新產品時，也透過實施預算監控的方法來對新產品實行所謂的「生產控制」。

讓行銷極簡化

行銷專家認為，去繁就簡，在現代行銷中已經成為一個基本原則。這是因為時間的重要性與日俱增，消費者也越來越沒耐心。其實，「減法」經營並不限於產品的功能和包裝，還包括產品的銷售和流通。

譬如盛極一時的有獎銷售（以銷售商品為目的，向消費者提供獎金、獎品的行為）最終走向終點，一個重要的原因就是消費者感覺操作過於繁瑣——你必須等一段時間，到時還得手忙腳亂地找報紙或海報，才能知道開獎結果。而簡簡單單，不占用消費者多少時間就能讓消費者獲得想要的東西，這樣的行銷方式顯示出越來越大的魅力。

尋找最有效的促銷工具，專家的建議是不可鑽牛角尖，廠商只要把自己放在消費者的角度上去想，就應該領悟到：極簡的，才是有吸引力的。

到市場上去看看，產品的包裝和顏色會讓人眼花撩亂。但你究竟能夠清晰地記住幾個產品？回想一下，你其實只記住了那些包裝設計最複雜的和最簡單的。而複雜的包裝雖然給了你一個深刻的印象，但也許你已經完全記不得它是什麼產品了，而簡單的在你心中一定還有清晰的印象。

創造高效：建立極簡運行體系

簡單的東西往往更容易讓大腦記住，而大腦記住複雜的事物比簡單的事物要難。有位設計師曾說過：「設計就是無數線條、顏色、文字的拼湊，越複雜的設計越容易拼湊，而越簡單的設計越難。」

有的企業把自己的 CI（文化識別）註解得十分複雜，極簡的 CI 標識代表著幾十層含義。極簡是一種美，更是一種先進的理念。所以，只要你深刻地了解到了極簡的重要性，那麼，極簡就是你的殺手鐧，就是你的絕招。

寶僑公司調整其產品名單的決定，僅是其龐大的極簡化策略的一部分。寶僑正大刀闊斧地刪減其大部分的行銷活動，從而在削減成本、更好地為顧客服務以及全球擴張的活動中，於各種複雜的層面中另闢蹊徑。

除了對失去控制的產品繁衍說「不」之外，寶僑公司正在全球將其產品的配方和包裝標準化，刪除低效的促銷活動。

此外，**寶僑公司大量減少提供給零售商的無限期折扣活動**，而相應地降低了大多數產品的價格。寶僑公司前 CEO 佩珀（John Pepper）說這種策略是「為了試圖避免由於不斷漲跌而造成的品牌忠誠度下降的價格模式」。

寶僑公司同時也大幅削減了給消費者的折扣券。從一九八〇年 4% 的回收率降至後來的 2%，折扣券已成為一種越來越低效的吸引新顧客的方法。相應地，寶僑公司將大部

讓行銷極簡化

分回饋於降低價格和其他的促銷活動,如試用等。

寶僑公司,當今世界最大的廣告主,甚至在重新考慮它做廣告的預算,希望將總行銷成本由以前占收入的25%壓縮到20%。

這家公司透過集中在一個廣告代理機構的做法,節約了數百萬美元。同時,透過使用更少的製片廠和利用同一地點為數個國家製作廣告,它已減少了25%的電視廣告製作成本。

明智的行銷者應該衝破複雜情結,「極簡」理應成為行銷界的聖盃,更少其實就是更多。企業開始了解到,他們生產的東西和行銷管道確實都太多了。

創造高效：建立極簡運行體系

最重要的是責任體系

二〇〇二年三月，因小小的原料問題，造成一家集團生產線停產一天，損失嚴重。表面上，事故的直接原因是供應商的產品存貨問題。但查看整個流程，相關部門完全可以透過自己的恪盡職守及時發現問題。但是，集體的麻痺意識造成了相關控制環節的層層失守，錯失了避免事件發生的多次機會，最後釀成事故。

集團的企業高層由此了解到：企業管理，最重要的就是建立責任體系，原先帶有行政色彩的體系必須徹底改變。而各層管理者，特別是中高層，還沒有完全成為「職業選手」。

為此，他們召開了推進職業化的動員大會，企業內100多名中高層全部都「無償轉換身分」。從此，在這個企業中，「中高層」只意味著「職位」，而不再具有任何「身分」的意義；只意味著「資源」，而不再意味著「資本」。

很多公司管理很粗糙，各層級責任不清，非常複雜，員工要面對很多文件、會議、電話，繁文縟節使他們陷入了困境。在一些企業中，還存在著不同程度的職責不清、分工不明、權力與責任相分離等問題，造成辦事拖沓、工作效率低落等狀況。它們表現在：

> 最重要的是責任體系

(1) 科、室、組分工不明確,要麼遇事誰都不管或誰都插手,造成相互扯後腿,嚴重地影響工作效率。
(2) 企業內部橫向交流差,協調能力弱,使執行任務者只能四方請示,八方彙報,大大地拖長了工作流程,造成不停的公文往返。
(3) 企業用人缺乏一個客觀標準。

其實,責任體系的建立,是極簡管理的內在精髓。企業要進行策略管理,就必須確立企業內部各個職位的主要職責及各個職務之間的分工與合作關係,它能大大地提高企業策略管理的科學性、系統性、有效性。

麥肯錫公司定義一個好的團隊,必須擁有下面的條件:

(1) 清楚目標,並相信目標是重要的;
(2) 知道自己的特定使命;
(3) 知道如何實現目標;
(4) 團隊有適宜的整套技能;
(5) 為結果負責。

在麥肯錫,團隊中每一位成員都有自己的責、權、利,作為團隊中的一員,你必須負責,不負責就失去了你的權力。在任何公司都一樣,每個職位都有明確的工作要求和考核標準,每個員工都有推廣和宣傳公司產品的責任。

對於責任體系的建立,「抽屜式」管理是一種極簡的方

> 創造高效：建立極簡運行體系

法，它在現代企業策略管理中發揮了重要的作用。採用「抽屜式」管理的公司也越來越普遍，人們認為「抽屜式」管理是二十一世紀初現代化管理發展的新趨勢。

當前一些經濟先進國家的大中型企業都非常重視「抽屜式」管理和職位分類，並且都在「抽屜式」管理的基礎上分別建立了職位分類制度。

「抽屜式」管理法是一種通俗形象的管理術語，在現代化管理中，也叫做「職務分析」。「抽屜式」管理要求企業內部各級管理人員分工明確，權責範圍清楚，職、責、權、利相統一，使企業各項管理工作有條不紊，以實現企業內部各項管理工作的規範化、標準化、制度化。

據調查統計：美國在一九八一年採用「抽屜式」管理的企業有50%，一九八五年為75%，而一九九九年為95%以上。泰國企業在一九九八年採用「抽屜式」管理的為90%以上。最近幾年，香港的大中型（集團）企業都普遍實行「抽屜式」管理，企業上下分工明確、職責權限明確，大大提升了企業管理的效率。

「抽屜式」管理的主要含義就是在每位管理人員辦公桌的抽屜裡，都有一個明確的職務工作規範。它包括兩個方面的含義：

(1) 對每個人所從事的職、責、權、利四個方面有明確的規定，做到四者統一；

(2) 確立每個人所從事的管理和主要業務、分工合作關係、橫向縱向聯合事宜,以及上下左右的窗口等,達到協調企業管理關係的目的。

「抽屜式」管理是近幾年世界上最為流行的一種新的管理方法。它的主要內容應包括以下兩個方面:

(1) 業務科室的職務分析,即職能權限範圍。業務科室的職責權限範圍分析,應根據企業的整體目標、生產經營指標以及專業窗口的需求和合作關係進行層層分解、逐級落實、明確規定。
(2) 管理人員的職務分析即「職務說明」或「職務規範」。

管理人員的能力分析要根據管理層次的不同分別進行,它的關鍵是處理好集權與分權的關係。譬如一家大型煤礦公司,副礦長要對礦長負責,副總工程師應對總工程師負責,科員要對科長負責,科長要對窗口負責等等。

在現代企業管理中,既不能有職無權,也不能有責無權,更不能有權無責,必須職、責、權、利結合。進行「抽屜式」管理,能協調企業內部各個職務的主要責任、權力、利益,確立各個職務之間的分工和合作關係,同時可以針對性地進行人員培養,以達到人與事的合理配合。

由於「抽屜式」管理把每個人的職務、責任、權力、利益都規定得非常明確而又具體,各級管理人員都可以在規定的

> 創造高效：建立極簡運行體系

職責權限內發揮最大的作用。

「抽屜式」管理的最大特點是職責明確，它能大大地提高企業管理工作的系統性和科學性，是順利且有效地完成大中型企業各項工作的必要條件。它規定企業內部各個職務的工作性質、特點和任務，並根據其需求來選人用人。所以說，企業內部實行「抽屜式」管理是企業策略管理的保證。

「抽屜式」管理的核心是實現企業管理的規範化。針對企業經營管理活動過程中反覆出現的事物制定全面的、系統的、合理的模式與標準，使企業管理工作逐步走向科學化。

企業在施行「抽屜式」管理方法時，首先要成立一個由各個部門組成的職務分析小組，並培訓該小組，以掌握「抽屜式」管理的概念和內涵。

其次，企業應圍繞企業的整體目標、生產經營指標，根據業務，編制科室職責權限範圍。

再次，企業應分層次進行管理人員分析，按職、責、權、利四者的統一，制定管理人員職務說明或職務規範。

最後，企業需制定必要的考核、獎懲制度，與「職務分析」法配套執行。

建立極簡機制的技巧

(1) 透過某種機制、某種自然秩序,使每個人確立自己的定位。

(2) 不設立任何永久的組織,不設立僵化的組織結構。

(3) 管理層員工相對較少,員工更多的是在實際工作中解決問題,而不是在辦公室裡審閱報告。

(4) 一個企業尤其是小型公司,盡量不要設分管職能的副職。

(5) 不要固定的行政人員,所有部門間的行政人員分配都是機動性的。

(6) 對大多數消費者來說,很多產品的一些附加功能甚至包裝都是多餘的。

創造高效：建立極簡運行體系

後記

在「大眾創業，萬眾創新」的時代，企業的生存之路越發艱難，企業處在這樣紛繁複雜的環境中，採取極簡的方法，往往可以巧妙地化解矛盾，從而產生奇效。為此，我和好友張毅聯手，合著了這本書，第一章至第四章是由我所著，第五章至第八章由張毅所著，我們將各自多年的企業管理經驗整理出來，並收集了大量經典的成功管理案例，與理論知識相結合。希望本書可以幫助更多專業經理人找到適合自己企業或團隊的管理方法。

西武

國家圖書館出版品預行編目資料

扁平化管理,從繁雜到高效的管理蛻變:化繁為簡、專注關鍵,以最少資源創造最大價值 / 西武,張毅 著. -- 第一版.. -- 臺北市:樂律文化事業有限公司, 2025.02
面; 公分
POD 版
ISBN 978-626-7644-54-6(平裝)
1.CST: 企業管理 2.CST: 企業經營
494   114001223

扁平化管理,從繁雜到高效的管理蛻變:化繁為簡、專注關鍵,以最少資源創造最大價值

作　　者:西武,張毅
責任編輯:高惠娟
發 行 人:黃振庭
出 版 者:樂律文化事業有限公司
發 行 者:崧博出版事業有限公司
E - m a i l:sonbookservice@gmail.com
粉 絲 頁:https://www.facebook.com/sonbookss/
網　　址:https://sonbook.net/
地　　址:台北市中正區重慶南路一段 61 號 8 樓
8F., No.61, Sec. 1, Chongqing S. Rd., Zhongzheng Dist., Taipei City 100, Taiwan
電　　話:(02) 2370-3310　傳真:(02) 2388-1990
印　　刷:京峯數位服務有限公司
律師顧問:廣華律師事務所 張珮琦律師
定　　價:350 元
發行日期:2025 年 02 月第一版
◎本書以 POD 印製